渤海

印象

Impression of

Bohai Sea

渤海印象

杨立敏◎主编

文稿编撰/孙冰洁

中国海洋大学出版社
CHINA OCEAN UNIVERSITY PRESS

·青岛·

魅力中国海
我们的
海洋梦

Charming China Seas
Our Ocean Dream

魅力中国海 我们的海洋梦

中国是一个海陆兼备的国家。

从天空俯瞰辽阔的陆疆和壮美的海域，展现在我们面前的中华国土犹如一个硕大无比的阶梯：这个巨大的"天阶"背靠亚洲大陆，面向太平洋；它从大海中浮出，由东向西，步步升高，直达云霄；高耸的蒙古高原和青藏高原如同张开的两只巨大臂膀，拥抱着华夏的北国、中原和江南；整个陆地国土面积约为960万平方千米。在大陆"天阶"的东部边缘，是我国主张管辖的300多万平方千米的辽阔海域；自北向南依次镶嵌着渤海、黄海、东海和南海四颗明珠；18000多千米的海岸线弯曲绵延，更有众多岛屿星罗棋布，点缀着这片蔚蓝的海域，这便是涌动着无限魅力、令人魂牵梦萦的中国海！

中国的海洋环境优美宜人。绵延的海岸线宛如一条蓝色丝带，由北向南依次跨越了温带、亚热带和热带。当北方的渤海还是银装素裹，万里雪飘，热带的南海却依然椰风海韵，春色无边。

中国的海洋资源丰富多样。各种海鲜丰富了人们的餐桌，石油、天然气等矿产为我们的生活提供了能源，更有那海洋空间等着我们走近与开发。

中国的海洋文明源远流长。从浪花里洋溢出的第一首吟唱海洋的诗歌，到先人面对海洋时的第一声追问；从扬帆远航上下求索的第一艘船只，到郑和下西洋海上丝绸之路的繁荣与辉煌，再到现代海洋科技诸多的伟大发明，自古至今，中华民族与海相伴，与海相依，创造了灿烂的海洋

文化和文明，为中国海增添了无穷的魅力。无论过去、现在和未来，这片海域始终是中华民族赖以生存和可持续发展的蓝色家园。

认识这片海，利用这片海，呵护这片海，这就是"魅力中国海系列丛书"的编写目的。

"魅力中国海系列丛书"分为"魅力渤海"、"魅力黄海"、"魅力东海"和"魅力南海"四大系列。每个系列包括"印象"、"宝藏"、"故事"三册，丛书共12册。其中，"印象"直观地描写中国四海，从地理风光到海洋景象再到人文景观，图文并茂的内容让你感受充满张力的中国海的美丽印象；"宝藏"挖掘出中国海的丰富资源，让你真正了解蓝色国土的价值所在；"故事"则深入海洋文化领域，以海之名，带你品味海洋历史人文的缤纷篇章。

"魅力中国海系列丛书"是一套书写中国海的"立体"图书，她注入了科学精神，更承载着人文情怀；她描绘了海洋美景的点点滴滴，更梳理着我国海洋事业的发展脉络；她饱含着作者与出版工作者的真诚与执著，更蕴涵着亿万中国人的蓝色梦想。浏览本丛书，读者朋友一定会有些许感动，更会有意想不到的收获！

愿"魅力中国海系列丛书"能在读者朋友心中激起阵阵涟漪，能使我们对祖国的蓝色国土有更深刻的认识、更炽热的爱！请相信，在你我的努力下，我们的蓝色梦想，民族振兴的中国梦，一定会早日成真！

限于篇幅和水平，书中难免存有缺憾，敬请读者朋友批评指正。

盖广生

2014年元月

Preface 前言

Impression of Bohai Sea

　　站在烟波浩渺的渤海边远眺，只见蔚蓝的天，蔚蓝的海，在无穷的天际处融为一体。辽阔的海上，万吨货轮、豪华邮轮满载希望驶向远方，奇异的海岛、繁忙的渔港演绎着渤海的魅力与生动，天空的海鸟、海里的生灵给人以与之亲近的冲动。亲爱的读者朋友，随着一页一页翻开这本书，你将逐渐地感受渤海，热爱渤海，融入渤海。

　　渤海，这片中国最北端的内海，在辽东半岛与山东半岛交握的双手间安卧着，蓄积着能量，等待以勃发之势向世人展示其独有的魅力。潮涨潮落，海市蜃楼的一幕幕幻象让你惊异于自然之气象万千。近三百座海岛散布于这片碧蓝的幕布之上，仿佛一串珍珠，将其装点得璀璨夺目。南北长山岛上下连缀，融奇绝与秀美于一身，如绝代佳人，遗世独立。神秘的蛇岛横亘于渤海碧波西岸，上演着人蛇共处一岛的"和谐"剧目。不远处，那一群群可爱的斑海豹正穿过厚厚的冰层，如约而至参加这属于渤海的盛会。行至岸边，洁白的贝壳长堤似玉带，在海天相接处划出一道优美的弧线。群鸟翔集，百花斗艳。保护区内，生态湿地绿草依依；芦苇荡中，时有白鹤凌空飞过；曹妃湖波光潋滟，万鸟岛海鸥嬉戏，书写着海的传奇。

　　渤海沿岸，华灯初上，灯火璀璨，一座座崛起的城市使古老的渤海散发着现代的风姿。城港联动，一座座港口架起渤海通往世界的桥梁。古老的天津卫依山傍海，向国际化大都市昂首迈

进。秦皇东巡求仙处，今朝生态园林城，海韵清音，托起秦皇岛的前世今生。黄河三角洲畔的东营，钻井林立，机器轰隆，石油造就一座城，海洋赋予其精魂，沧海变桑田，并不只是神话。

　　抬望眼，碧海无垠，海岸线蜿蜒曲折，滚滚东流之水还在不断地涌入渤海。大音希声，大象无形，这片丰饶之海的传奇还在上演。围绕这片海的故事没有结束，也不会结束。

Contents 目录

Impression of Bohai Sea

01 渤海印象

02

03

在烟波浩渺的西太平洋，有一片镶嵌于我国大陆北端的内海，依偎在辽东半岛与山东半岛环抱的臂弯中。海岸线蜿蜒曲折，凌空俯瞰，恰似太上老君手持的宝葫芦。它就是渤海。

我国的四大海域中，渤海纬度最高，海水最浅，平均水深仅有18米。母亲河黄河在此入海，泥沙沉积。位于渤海东侧的庙岛群岛由32个岛屿组成，形成了渤海靓丽的岛屿风景。这里既有秀美的风光，也是水运、渔业的依托，同时还是天然的海防要塞，守卫着渤海东大门。渤海既有海市蜃楼美景，也有丰富的宝藏。

渤 海

辽东湾

锦州

葫芦岛

秦皇岛
北戴河

曹妃甸

天津

渤海湾

东营

莱州湾

旅顺口

渤
海
海
峡

庙岛群岛

蓬莱

盘锦

营口

概　况

在我国的四大海域中，位置最北的渤海尽管没有老大哥南海的浩渺辽阔，但却小而精致，别有一番味道。它三面环陆，安卧于山东、河北、天津、辽宁形成的天然避风港中，东侧通过渤海海峡与黄海双手交握，是首都北京的海上门户。众多海岛星罗棋布，散落其中，像一簇耀眼的花环，点缀着这片北国之海。

渤海海域面积7.8万平方千米，与其他兄弟姐妹相比，虽然个头小了点，但是风格独具。北温带温和的海风养成了它恬淡的性格，常年气候宜人，渤海沿岸及海中岛屿分布着众多避暑疗养的胜地。

渤海海底地势平坦，周围的辽河、滦河、海河以及黄河带来的大量泥沙，源源不断地沉积于海底。渤海高达30多的盐度与丰富的饵料一起，吸引了众多的海洋生物前来繁衍生息，这一天然的馈赠使渤海成为我国大型水产养殖基地。我们餐桌上营养丰富的对虾、海鱼等海鲜很多都来自渤海。另外，渤海盐度高，气候适宜，盐田集中，是北方重要的食盐供应地。著名的长芦盐场即坐落于此。宝葫芦一经揭开，宝藏便源源不断地涌出。别急，还有一件宝贝等你开眼，那就是丰富的石油资源。在远古湿温的气候条件下，渤海及其周围海域有大量生物繁殖，而半封闭性的海域条件，非常有利于有机物的堆积与沉积。特殊的地理位置又使渤海不易与外

↑ 盘锦红海滩

海的水进行交换，溶解氧得不到补充，从而为大量石油的形成创造了条件。近年来的钻探发现，渤海海底的大陆架上，蕴藏着丰富的石油资源。随着对渤海海域探索的深入，它的潜力也被不断地激发，在渤海已经建立了众多的石油开采基地。当然，石油的储藏量毕竟有限，在开采的过程中还是要提醒人们别忘了一条重要的原则——可持续发展。

此外，渤海海底还有天然气、煤炭。

渤海的奥妙远非止于此，对于这样一颗北方明珠，要深入体会它的美，非朝夕之功。明代袁可立诗曰："秉钺来渤海，三载始一逢！"

↑ 昌黎黄金海岸

↑ 渤海上的石油开采

海　岛

272座岛屿散落于渤海之中，宛若璀璨的星星，天然的幕布因为有了它们的点缀，而更加耀眼夺目。这些矗立于汪洋碧波中的小岛，少有人居住，水花涌起，拍打着礁石，与海洋齐奏亘古的咏叹。

渤海海域面积不大，特殊的地理位置限制了海岛的规模。尽管渤海岛屿数量不多，但有了它们的点缀，渤海才显得绚烂多彩。

渤海中的岛屿主要分布在辽东湾、渤海湾和莱州湾三大海湾以及渤海海峡中。这些海岛或是风光绮丽，如海上仙山，遗世而独立，具有极高的观赏价值，吸引了众多游人前来观光；或是在漫长的地质演变过程中，形成了独具特色的地貌景观，是科学研究的天然原材料，堪称自然博物馆；或是蕴藏着丰富的生物资源，是珍稀物种栖息的乐土。还有的岛屿虽然无人居住，却是海上天然屏障、战略要地，堪称守卫渤海的天然哨兵！旅游观赏、科研开发、发展经济，渤海中的岛屿利用自身的优势，相互依傍，共同守护着这片蔚蓝之海。

海岛

↑ 庙岛灯塔

庙岛群岛

　　在渤海与黄海的交汇处，有大大小小32座岛屿，就像32颗珍珠镶嵌于海中。把这些星罗棋布的岛屿串成一串，就组成了名为庙岛群岛的一个大家族。渤海之美，在山在水，更在海岛之妙，而庙岛群岛则浓缩了渤海海岛之精华。

　　庙岛群岛，又称长岛，占据着黄、渤海将近8700平方千米的海域面积，蜿蜒的海岸线长达146千米，是连接山东半岛与辽东半岛的天然陆桥。99个海湾、65座山峰、41处明礁相互簇拥，构筑了一座颇为壮观的海上王国。庙岛群岛日夜经受风雨洗礼，呈现出明显的海蚀地貌景观。南长山岛是其中最大的岛屿，面积约12.8平方千米，而高山岛则是较

↑ 庙岛风光

小者，面积尚不到0.5平方千米。低山丘陵高低相间，错落有致。有40多座山头海拔在百米以上，最高点在高山岛，海拔202.8米。东嘴石岛海拔最低，最高处只有7.2米，在参差对比之中呈现别样的美感。众多岛屿南北依次排开，纵贯渤海海峡南部，占据了海峡3/5的海面。它们以北砣矶水道、长山水道为界，分为北、中、南3个岛群。南岛群地势平缓，砂石海滩遍布；中、北岛群则地势险峻，呈峭拔之势。

传说东方有海上三仙山：蓬莱、瀛洲与方丈。古诗中所吟诵的"曾在蓬壶伴众仙"中提到的蓬壶就是今日的庙岛群岛。碧波环绕的庙岛群岛，宛若佳人，在水一方。她的美丽需要一双慧眼才能发觉，也因深居海中，尚未被过度开发，反而保存了一种原始、质朴的自然美。

庙岛群岛之秀冠绝群芳，胜在风光绮丽、物种丰富以及群落完整。

得天独厚的地理位置与适宜的气候，使庙岛群岛成为植物繁衍的天然氧吧以及众多物种栖息的宝地。岛上森林繁茂，群鸟齐鸣，好不热闹；海中鱼类繁多，珍贵的海洋物种如海豹、江豚等安然地在海里遨游。这里不仅建有长岛国家级鸟类自然保护区，还有省级海洋自然保护区及庙岛群岛省级斑海豹自然保护区。庙岛群岛还被列为我国重要的湿地。珍贵的物种需要人类的保护才能得以长存，当地政府也出台了多项法规，保护这片丰饶之地。

群山蜿蜒起伏，在海中错落分布。薄暮时分，众海岛在缥缈的雾中若隐若现，置身其中，梦与现实交错，让人疑惑已入仙境。

🔹 大黑山岛风光

大笔架山岛

在辽宁省锦州市开发区东南的辽东湾中，有一处连陆小岛，岛上三峰，形如笔架，又因其东部海中也有一形如笔架的小山与之遥相对应，故称为大笔架山。这座小岛南北仅长1.5千米，宽也只有0.8千米，是座不折不扣的迷你岛。海岛与陆地之间由天桥相连接，落潮时是车辆、游人登岛的天然通道。

大笔架山岛最大的特色便是地貌之奇，兼具观赏与科研价值。在别处观海，来大笔架山岛则重在观石。此岛由石英岩、页岩、泥灰岩等构成，地质构造复杂，形成了奇特的地貌。东部岩层重叠，陡峭如绝壁。中部地表土层较厚，茅草丛生，间有槐、榆、松树。南部有自然景观一线天、马鞍桥、虎陷洞。北部有花岗岩石结构的三清阁、太阳殿、吕祖亭、真人观等古建筑。

大笔架山是道教名山，山上悬崖峭壁奇秀，自然风光迷人，自下而上建有山门、雷公祠、电母祠、五母宫等众多道教庙宇及点缀品。其中以主峰之上的三清阁最为精美，阁共六层，通高 26.2米，为花岗岩石仿木结构建筑，八角攒尖顶，飞檐翘角，独具风格，内奉汉白玉石雕道教造像37尊，各高2米左右，雕工精美，神态各异。

大笔架山岛风光

⬆ 大笔架山岛

⬆ 大笔架山岛

菩提岛

　　风帆沙岛，结人世之奇缘；云影波光，开天然之画本。菩提本无树，明镜亦非台。菩提岛原名石臼坨。海上听潮音，平添了几分佛家的与世无争，菩提岛也因此更显得超逸出尘。奇花异草遍地，清泉石上流过。如果单就某一点来说，菩提岛并不足以称奇，但海纳百川，有容乃大。菩提岛的魅力在于兼收并蓄，融荒岛之原始、海岛之旖旎、沙岛之开阔、大岛之广袤、绿岛之秀丽于一身，日月精华在此荟萃，佛香轻音缭绕，日升月落间，出落着不经意的美。

　　面积约3.1平方千米的菩提岛，位于乐亭县西南部，因为此岛中部凹陷，曾以形命名，称石臼坨。在渤海湾诸岛中，菩提岛面积不算小。近年来，这片未开垦的处女地开始走进世人眼中。独有的自然生态风貌使其声名鹊起，颇受旅游专家及游客青睐。2002年，菩提岛被河北省人民政府批准为省级自然保护区。

与其他兄弟岛屿相比，菩提岛显得有些荒凉与原始。岛上荒草丛生，翠叶藤蔓缠绕。不过，蛮荒也许正是菩提岛的特色，满足了人们猎奇的欲望。岛上植被丰富，覆盖率达98%，凡举目之处，皆有绿意。北方罕见的菩提树、小叶朴、木丝棉等168种植物的踪迹都能在这里找到。岛上如同原始的丛林，各色不知名的植物向你招手，令人应接不暇。森林密集的地方自然也少不了鸟类，它们可是爱凑热闹的家伙。目前岛上共发现鸟类20目60科420余种，其中国家一类保护鸟类12种，二类保护鸟类60种，真是名副其实的"鸟岛"。在岛上随意停留，即可看到世上少有的黑嘴鸥等珍稀鸟类，这是自然对于爱鸟者的天然馈赠。

下江南，观西湖三潭印月；入乐亭，赏石臼三月同辉。菩提岛不同于其他海岛的最大特色恐怕便是其岛中奇景三月同辉了。在菩提岛的东南侧有月岛，在特定的条件下，皓月东升时，站在菩提岛上眺望，可看到天空、海上、低潮平滩上同时升起三个月亮，这便是传说中的三月同辉。此时看海上生明月，天地精华荟萃于此，清辉月影相呼应，别具一格。

暖温带滨海半湿润气候，使这方海岛夏无酷暑，成为避暑胜地。其与大陆间有快艇相通，人们来此还可以感受乘风破浪的乐趣。禅音缭绕，波涛相闻，环境清幽，伫立窗前，呼吸着带着花香的空气，精神也随之振奋起来。

↑ 菩提岛潮音寺

↑ 菩提岛大海潮音

↑ 菩提岛风光

海湾和海峡

渤海三面环陆，得天独厚的地理位置使这一区域内形成了众多海湾。许多人将渤海与渤海湾混为一谈，实际上渤海湾只是渤海的一部分，它与辽东湾、莱州湾一起，通过渤海海峡与外海相连。

辽东湾

在渤海的三大海湾中，辽东湾可以说是脾气最大的老大哥了，为什么这么说呢？这要从辽东湾的地理位置和纬度说起了。辽东湾位于渤海的西北部，在长兴岛与秦皇岛联线以北，是我国纬度最高的海湾。提到东北，大家的第一反应就是林海雪原、天寒地冻，总之离不开"寒冷"二字。位于东北境内的辽东湾自然也摆脱不了严寒的命运。的确，辽东湾是中国边海水温最低、冰情最严重的地方，每年都有固体冰出现，冬季冰层的厚度能达到30厘米。这里有多么寒冷，可想而知。

当然，辽东湾之所以如此寒冷，也不全是纬度高的缘故，还与它所处的气候以及独特的地质构造有关。辽东湾的海底地形中间有一个大凹槽，从顶部及东西两侧向中央倾斜，东侧又略深于西侧。受西北风的影响，东岸因为地势凹陷，又比西部更加严重。春季融冰时，这里便形成了低温中心。别处春暖花开时节，辽东湾海冰尚未融化，仍是一片冰封。

说了半天这里的严寒，好像对辽东湾有些不公，实际上辽东湾还是我国重要的水产基地，这主要与其潮汐有关。辽东湾为半日潮，湾顶潮差达5米。盐分足，沿岸滩涂宽广，除捕捞海产品之外，大片滩涂适合种植芦苇。广阔的沙滩又是天然的晒盐场，海水养殖以及围垦都有一定的规模，这也是辽东湾对当地居民的馈赠。

🔵 冰雪覆盖的辽东湾

渤海湾

渤海湾可算是三个海湾兄弟中备受呵护的小弟弟了。辽东湾与莱州湾两位大哥一北一南保驾护航，将中间围成一座避风港。头枕着波涛，背倚着大陆，季风送来的湿气使它养成了温润的性格。渤海湾的位置真是得天独厚。

渤海湾镶嵌于河北、天津、山东三地之间，是一个浅水港湾。别看地方不大，作用可不小：它既是京津的海上门户，又是华北的海运枢纽，还拥有北方最大的综合性港口天津港。国内货物在此中转，源源不断地输送至境外，渤海湾可谓海上交通要道。

不过渤海湾也不是没有缺点。如果说辽东湾有点脾气大，那么渤海湾则是泥沙多。怎么个多法？我们的母亲河黄河入海口就是渤海湾与莱州湾的交汇处，黄河、海河携带的大量泥沙在此沉积。渤海湾又是浅水湾，冲积平原地形，泥沙容易沉积。然冰冻三尺非一日之寒，泥沙沉积也非一日之功。这里是中生代古老地台活化区域，经历了漫长的构造运动与地貌演变，逐渐形成了湖盆，并在其上覆盖有1～7千米之厚的沉积物，形成典型的淤泥质海岸。所以，天津尽管靠海，却难以找到适合嬉戏的沙滩。

⬆ 渤海湾城市风光

⬆ 2009年渤海湾重现"中国对虾"

不过漫长的地形演变也不是全无好处，潮涨潮落，由于海水的进退作用，使海湾西岸遗存着泥炭层与贝壳堤，成为天津市一道亮丽的风景。在贝壳堤上漫步，海风轻拂着面庞，让人不禁要感慨大自然的鬼斧神工。

由于沉积年代久远，渤海海底贮藏着丰富的石油资源。不过自然赐予之物，尤其提醒我们要取之有度，过度开采带来的苦果恐怕还要人类自己吞下。近年来，随着沿岸旅游开发的深入，渤海湾的秀美吸引了众多游人前来观赏，到天津体验滨海新区的现代化，到秦皇岛北戴河畅游。每到夏日来临，海内外宾客在此汇集，好不热闹。

⊕ 胜利七号钻井平台

渤海湾风光

莱州湾

当西沉的落日将最后的余晖洒进大海，莱州湾一片静寂，但见万顷海面上，小船徜徉，缓缓归来，这是一天中莱州湾最美的时刻。

位于渤海南部的莱州湾是烟台与外界联系的重要海上门户，它仿佛一扇窗户，推开，五彩斑斓的世界在你眼前铺开了画卷。它似一条长龙盘旋于老黄河口与龙口之间，蜿蜒成长达319.06千米的海岸线。小清河、黄河、潍河在此汇集，见证着莱州湾的成长。莱州湾地势平坦，泥沙往往沉积于此，形成浅滩。但莱州湾也并不是一如既往地平和，偶尔也会有发怒的时候，看似微波粼粼的水面有时也暗藏着危险。海湾的最深处可达18米，风起云涌，潮汐迭起。平均潮差0.9米，最大能达到2.2米。

黄河翻山越岭，跨过黄土高原，顺势而下，来到莱州湾与渤海湾的交汇处时，怀中满是泥沙。莱州湾可谓来者不拒，照单全收。可泥沙似乎没那么客气，在海底迅速堆积，浅滩变宽，海水渐渐变浅，湾口的距离不断缩短，形成大片滩涂。不过，塞翁失马，焉知非福，事物总是不断变化，这些泥沙也并非一无是处，里面蕴藏的丰富的养料与有机物质，成为虾、蟹、蛤蜊的美食。同时，滩涂与盐碱地也是天然的盐场。所以，莱州湾也是山东重要的渔业与盐业产区。莱州湾还蕴藏着丰富的天然气与石油，这方面丝毫不比其他两个海湾弱。

由于渔业、盐业开发带来的经济效益，莱州湾附近龙口等地居民生活也不断得到改善，腰包渐鼓。旅游开发也如火如荼，配套设施日益完善。到烟台旅游，顺便到莱州湾走一遭，领略滨海港湾小而精致的风采，对厌倦了车水马龙的现代都市人来说，似乎是个难得的清静机会。

⬆ 虎头崖晚霞

⬆ 莱州湾海鲜

渤海海峡

渤海海峡，正如伸出的手，将原本遥遥相望的辽东半岛与山东半岛相连接。从地图上看去，海峡被C形的海湾环绕，是名副其实的要塞。也是通过它，渤海海水才汇入开阔的黄海，最终进入浩瀚的大洋。

那些散布在渤海海峡上的岛屿，似是仙人手持的念珠断了线，大珠小珠落玉盘，点缀着这方蔚蓝的海。其中，最大的要数庙岛群岛了。它位于海峡中南部，将其分成八个主要水道，宽度不一，多南窄北宽，呈现出错落有致的美。

渤海海峡并非一开始就是海洋，它也曾是陆地。古语曰，沧海变桑田，或许正能印证渤海海峡的进化史。远古时代的山东半岛与辽东半岛原是连成一体，因为地壳变动以及海侵运动一部分才逐渐沉降为海底，形成海峡，而耸立在海峡上的庙岛群岛彼时还是连绵的群山。如今，回顾这段历史，俯瞰那一汪浅水，其中承载了多少沧桑巨变。

一桥飞架南北，天堑变通途，当年南京长江大桥的修建让人引发如此感慨。既有先例，那么在辽东半岛与山东半岛之间修建一条海底隧道，使交流更通畅，何乐而不为？

这个想法如今正在成为现实，国务院渤海海峡跨海通道工程已正式启动。建成后，辽东半岛与山东半岛将实现真正的一体化，往来两个半岛的时间大大缩短，环渤海经济圈将与胶东乃至长三角经济圈紧密结合，使十多个省、自治区、直辖市直接或间接受益，对中国经济的腾飞意义重大。

皮划艇爱好者横渡渤海海峡

现 象

巨浪排空，风暴裹挟海浪敲打着沿岸的礁石；云在天边聚拢、翻腾，倏尔被风刮尽，扯成飞絮般散落在天际。冷风过境，漩涡状的洋流气势汹汹涌来，如万马齐喑，气象万千。应接不暇的景象日日在渤海上演，像一首交响乐，众音齐鸣，在看似混乱的音节组合中呈现出和谐与均齐之美，期待着你的聆听。

⬇海浪

气候

渤海气候多变，时而风卷浪涌，时而一片宁静，看似波光粼粼的海面下涌动着一股巨大的能量，有吞天蔽日之气势。每当冬季降临，近海常会结冰，形成奇特的海冰景象。有时大雾笼罩着整个海域，海天一色，却能看到海面上出现热闹的都市景观，让人疑是眼睛在作怪。传说中的海市蜃楼就在眼前，更增加了这片海域的神秘气质。

渤海位于我国北方，性格豪爽大方、爱憎分明，表现在气候上便是冬冷夏热，四季差异显著。冬季寒冷，干燥少雪；春季干旱多风；夏季高温多雨；秋季则云淡风轻。考量气候的诸多要素，其中气压、气温、湿度、风力、日照、降水等因素直接影响着人体的舒适度。我国海滨城市众多，但集中在渤海岸边的众多海滨城市温度尤为适宜，是适合休闲度假的区域。

当然，渤海气候也并非完美无缺。每到冬季，大面积的海冰就给渤海带来了不少麻烦，影响着这里的航运与海上作业。这主要因为渤海的地理位置以及气温的"恶作剧"。渤海地处东亚中纬度，是典型的季风气候区，冬季盛行从西北或北部内陆地区吹来的较强或很强的冷空气。因为它的作用，渤海成为结冰海域。暖冬时海冰覆盖面积不足渤海海域15%，而遇到冷冬，可以覆盖渤海海域80%以上。

⬆ 渤海风暴潮

⬆ 迷人的风光

⬆ 渤海海冰

潮汐和潮流

凡是到过海边的人，都会注意到海水有一种周期性的涨落现象：到了一定时间，海水推波助澜，浪花前呼后拥向岸边涌来，逐渐达到高潮；而过了一段时间，上涨的海水又自行退去，裸露出一片沙滩，出现低潮，循环往复，永不停息。这就是气象学上所称的潮汐。

由于太阳与月亮对地球引力的作用，海水会在垂直与水平方向上发生流动，我们习惯上把前者称为潮汐，将后者称为潮流。我国大部分沿海地区均有一昼夜海水涨落两次的潮汐现象。每月的农历初一至初五为大潮汐，初六至十二为小潮汐，周而复始。掌握了潮汐的规律，对于出海打鱼或是航行都有重要作用。

渤海湾的潮汐属于典型的半日潮，有正规与不正规两种。依据平均值来看，潮差为2～3米，遇到大潮，潮差甚至能达到4米左右。通常落潮与涨潮的延时也不同，前者约为7个小时，而后者为5个小时。涨潮时常伴随风浪，最大波高可达5米。渤海海峡位于渤海海口，夏季潮汐导致的潮流基本处于支配地位。渤海海水的流速与潮水强度相关度很高，而这里又是典型

渤海潮汐

的半日潮，即每隔12小时左右会出现一次高潮，两次高潮之间又会出现一次低潮。海水流速也会随着潮汐变化而发生显著的变动。由于入海口的大陆架较低，在渤海潮流的作用下，黄河携带的大量泥沙在河口沉积，对三角洲的形成有推波助澜作用。

海冰

渤海为三面环陆的半封闭性海洋，位于中纬度季风区，受蒙古高原影响，气候有显著大陆性特征。大陆性气候不仅影响着渤海地区的降水量，而且是造成海面结冰的"罪魁祸首"。

除了背靠亚欧大陆，受大陆性气候影响外，渤海还是西太平洋的一部分，而西太平洋副热带高压又是影响东亚气候的重要天气系统。当冬季冷气团活动较强的时候，如果亚洲区的极涡和纬向环流也来凑热闹，渤海近海地区则被大片冰层覆盖。因此，大气环流条件以及海气之间的热量交换是影响海冰生成的最直接的因素。

⬆ 渤海海冰卫星图

⬆ 渤海海冰

因为冬寒夏热，海面水温也要发生相应的变化，2月常在0℃左右，8月则能达到21℃。寒冬来临，除秦皇岛和葫芦岛外，近海大都冰冻。近海结冰，给交通和航运都带来诸多不便，许多港口被迫封港，但破冰船也成为渤海的一道独特风景。3月初融冰时还常有大量流冰发生。

当然，任何事物都有两面性，海冰也并非有百害而无一利，只要利用得好，也能造福沿岸居民。调查表明，渤海周围的辽中地区、京津唐以及胶东半岛是我国最为缺水的工业城市聚集区之一，水缺乏严重制约着此地的可持续发展。针对这一问题，近年来不少专家及科研单位纷纷提出将渤海海冰转化为淡水资源的设想。虽然此设想尚处于论证阶段，还未大规模实施，但有朝一日若真能应用到实践中，不仅会"变灾为宝"，也会极大地促进渤海地区的经济发展。

🔼 破冰船

🔽 渤海海冰困住渔船

海雾

在文艺作品中，烟雾蒙蒙的天气向来以一种朦胧之感给气氛增添了些许浪漫。但说到海雾，可就全然不是那么回事了。相反，这种天气非常危险，且一年到头均有发生。当海雾笼罩在渤海上空时，仿佛为这浩瀚之海戴上了一层面纱，远望缥缈，但对于正在海上行驶的客轮与货轮来说，可是极大的麻烦。据统计，60%～70%的海上船舶碰撞事故都与海雾有关，足见其危害之大。因此，有人将海雾冠以"海上无形杀手"的称号。

↑ 蓬莱海雾

当然，海雾也不是随随便便就能形成的，只有当特定的海洋水文和气象条件全都具备时，这种天气才会出现。当低层大气趋稳时，水汽增加，温度降低，海面的水汽会逐渐趋于饱和或过饱和。此时，水汽会以状如盐粒的极细微粒为核心不断凝结成小水滴、冰晶或两者的混合物，悬浮在海面之上至数百米的空中。随着水滴不

↑ 海雾

断增大，数量逐渐增多，原本晴朗的天空也开始呈现灰白色，导致能见度降低，这便形成了海雾。根据成因的不同，海雾又分为平流雾、混合雾、辐射雾以及地形雾。

渤海海雾在5～7月较常见，而东部又多于西部，集中在辽东半岛和山东北部沿海一带。在春、夏两季，渤海水温要低于气温，能起到冷却大气的作用。在海平面之上，随着海水与大气的温差不断加大，会导致热量交换加速进行。经过一段时间的积累之后，水汽便会趋于饱和，然后凝结成雾。此外，逆温层也是渤海海雾频发的诱因。它贴近海面上大气的底层，渤海湾地区的海雾多发生在逆温层的下方。由于海水与大气存在温差，会在低层大气与海面之间发生温、湿交换，并使底层大气结构趋稳且利于逆温层产生，而逆温层的存在又使得热量、水汽大多情况下只能在大气底层进行交换，无法向上扩散，形成较为持久的海雾。

海雾频发直接影响着渤海的海上作业和养殖捕捞活动，给近海生产、运输都带来极大的麻烦。

海市蜃楼

在风平浪静的海面上航行或在海边观望时，偶尔会看到空中有船舶、岛屿或城郭楼台的影像。在沙漠中旅行的人有时也会突然发现，在遥远的大漠中有一片绿洲，湖畔树影摇曳，令人向往。可是大风一起，这些影像就会倏尔消失，令人错愕。原来，这只不过是一种幻景，通称海市蜃楼或蜃景。

说起海市蜃楼，恐怕大多数人只是听说过却没有看到过。的确，要形成这种美妙的自然景观，需要的不仅是天时地利，还要有一点点运气。

　　"蜃"是神话传说中的一种海怪，能吐气。蜃景是光线穿越密度不同的空气层时发生的折射现象。海市蜃楼的种类很多，根据它出现的位置相对于原物的方向，可分为上蜃、下蜃和侧蜃，而根据其与原物的对应关系，又可以分为正蜃、侧蜃与反蜃；甚至颜色也是不同的，有彩色蜃景与非彩色蜃景。

蓬莱海市蜃楼

作为一种光学幻景，海市蜃楼是地球上物体反射的光经大气折射而形成的虚像。因为大气密度不同，光也会有不同的折射率。蜃景与地理位置、地球物理条件以及某些地域特定时间的气候特点都密切相关。气温的反常分布是大多数蜃景形成的气象条件。

⬆ 海市蜃楼

海市蜃楼并不常见，在我国四大海域中，发生频率较高的还要数渤海。在庙岛群岛，夏季白昼海水温度较低，空气密度会出现显著的下密上稀的差异。在渤海南岸的蓬莱，常可看到庙岛群岛的幻影。宋代沈括在他的名作《梦溪笔谈》中就曾记载："登州海中时有云气，如宫室台观，城堞人物，车马冠盖，历历可睹。"蓬莱位于渤海海峡南端，北与辽东半岛隔海相望，东临朝鲜半岛，西靠津冀，又有狭长的庙岛群岛横亘于海峡中间，为海市蜃楼的出现提供了多角度、多方位、可借以反射的景物。加之蓬莱海岸与海面之间的折射角度较为理想，当地的空气湿度和温度也会随着季节的变化而发生相应的改变，当阳光投射至海面时，会发生不同程度的折射，若运气好，有望在蓬莱岸边观看到奇妙的蜃景。这也是渤海一大亮点，吸引了众多游人前来。

⬇ 海市蜃楼

大美渤海

渤海之美，美在博大。它或许不如南海旖旎，许你一个在蓝天白云与椰林间穿梭的梦，却拥有一份朴实无华的大气与淡然。渤海之美，美在灵动。乘着歌声的翅膀，驾一艘小舟乘风破浪，体会直挂云帆济沧海之豪迈，梦想也非遥不可及。渤海之美，美在脱俗。那一座座散落在碧海之中遗世独立的小岛，不食烟火般地存在，圆你一个隐居避世、素手焚香的归隐梦。高山流水，弄琴鼓瑟，笑傲江湖，人生的一点况味，就在那清风明月间。

海岛风光

　　阳光、沙滩、碧海、海鲜，这些都是海岛的魅力所在。渤海海岛，美者如庙岛之璀璨，既可赏美景，又可呼吸新鲜空气，还可观赏"山在虚无飘渺间"的海市蜃楼奇观；砣矶岛则是石头的世界，那一方方彩石精美绝伦，令人叹为观止；还有众多的生态岛屿，车由岛万鸟齐飞，蛇岛蝮蛇盘踞，珍稀物种择岛而居，形成渤海岛屿的亮点。凝聚着地质地貌、生态水文、人文历史的渤海岛屿，亦于风光之外，更添厚重。

　　撑一支长篙，向青草更青处漫溯，徜徉于青山绿水间，悠然卧于一处小岛。此时，只有静，静得可以与灵魂相对。小说《鲁滨孙漂流记》中主人公流落荒岛，从而引发了一系列离奇的故事。海岛总是给人无限遐想，安放着作家的想象与渴望。如果有一天，你流落到了一处荒岛，会怎样度过余生？

　　不妨带着对这个问题的想象到渤海走一遭，到车由岛亲睹万鸟齐飞的胜景，去蛇岛挑战胆量的极限，亲身经历一番《射雕英雄传》中的成千上万条蛇纠缠盘绕的惊悚画面，回归质朴的田园生活。也许，你会发现生活多了些色彩。

渤海海岛风光

双雄对峙——南、北长山岛

庙岛群岛是渤海中规模最大的岛屿群，在这个子嗣众多的大家族中，个头最大的要数南长山岛了，面积足足有12.8平方千米，县政府便择址于此。相距不远处，便是北长山岛，它们可是当之无愧的"庙岛双雄"。

关于南、北长山岛，曾经有一个动人的故事。据说早先的南、北长山岛之间并无陆路相连，两地不相往来。恰好有一年唐太宗北渡东征时住在南长山岛上，他的大将尉迟敬德住在北长山岛，忽染重病，卧床不起。唐太宗心急如焚，急着要赶去探望，无奈水路相阻。正在这忧虑的当口，唐太宗做了一个梦，梦中一条白龙一声吼叫跃出水面，一瞬间，此地竟有了一条洁白如玉的大街。梦醒后，唐太宗急忙命人前去查看，果不其然，梦中之景复现。百姓纷纷奔走相告，唐太宗愁眉顿舒。长山岛上从此有了一条玉石街，因是梦中得来，此街又名一宿街。

⬤ 长山岛风光

临海绝壁——九丈崖

坐落于北长山岛西北一隅的九丈崖以其崖壁之巍峨壮观得名，壁高69.7米，真可谓"壁立千仞"。站在高处向下俯视，只见脚下水深浪高，岩礁棋布，不免心生恐惧。崖壁绵延400余米，尤以其崖壁罕见的石质组合和高峻险要而著称，在全国众多海蚀崖中独占鳌头。历经千万年风雨海浪之洗礼，本来垂直的石壁下凹上凸，出现了小于90°的斜角，形成了天然的幕帐。炎热的夏天，立于壁下，清风徐来，实乃避暑纳凉的绝佳处所。

九丈崖的壁面如犬牙交错，石窟、石穴鳞次栉比，是众多水鸟栖息的乐园。附近的九叠石塔，由九层节理明显的石英岩堆成，久经海浪磨蚀雕琢，塔崖石纹清晰，形态别致，与九丈崖相互依偎，状若母子。

⬤ 九丈崖景区入口

九丈崖

九丈崖远不止九丈之高，爬起来真要费九牛二虎之力。为什么叫九丈崖呢？因为"九"这个数字在古代寓意吉祥。崖本绝壁，以九名之，也是期望来客在游玩的过程中能够多一分欢乐，少一分危险。

抚摸千淘万漉的石壁，不免发思古之幽情，这里还是有4000年历史的东夷文化遗址所在。站在藤蔓缠绕、鲜花遍地的原野，闭上双眼，想象几千年前，就在同一片土地上，我们的祖先耕种、狩猎、生火做饭、修建茅舍，回望背后斑驳裸露的石壁，似乎依稀可见先人攀爬的痕迹。掬水月在手，弄花香满衣，即使时间再流逝，也总会留下一些遗珠，比如此情此景。

九丈崖九叠石塔

鹅卵长滩——月牙湾

　　月牙弯弯，引发无限情思，我国之沙滩以月牙为名者众多，然"洁白如美玉，晶莹赛琥珀"的千米球石长滩，却只此一处，一个珠光宝气的琉璃世界在此散发光芒。

　　月牙湾处于北长山岛的东端，高空俯瞰，形似新月，嵌于青山碧水间。其诱人之处在于全由一块块洁白光滑的鹅卵石铺成，在阳光普照下熠熠发光。

　　伴着耳机里流淌出来的悦耳音符，踏进月牙湾，脚步轻移处，步步珠玑，如鸣佩环，仿佛进入银光闪烁的月宫。手抚珠石，一颗颗乖巧玲珑。广寒清辉依旧，斯人已逝，佳人

月牙湾

月牙湾一角

月牙湾砾石滩

无处追寻，帘幕外，是否有玉兔捣药，吴刚伐树？

古松遒劲，枫叶流丹，一朵花，一片云，都被镌刻在这绵软的时光深处。

月牙湾绵延1000余米，形似一弯新月，是天然的海水浴场，而月牙滩又是全国难得一见的砾石滩。说它难得一见是因为海滩球石要经过漫长的地质演变过程，地表隆起后造成附近山峦的岩石脱落，石块置身于弧形的海滩，经过海浪不分昼夜的淘洗与冲刷，而逐渐变圆，形成球石。同时由于其中饱含铁、锌、锰等杂质，因而呈现出五彩斑斓的颜色。

环抱一泓碧水，月牙湾蓝得像玛瑙，又清得似明镜，让人渴慕它的怀抱，在碧海之中做一尾自由自在的鱼。风高浪急时，满湾翡翠，银雪飘飞；晴空万里时，温柔可人，静若处子。纤纤擢素手，弄出这般美景。

启功先生题诗于此："一弯新月印滩涂，水碧山青举世无。仙境不须求物外，行人步步踏明珠。"

聚福宝地——望福礁

站在南长山岛上远远望去，在海中有一处礁石迎风而立，形似一妇女怀抱着婴儿，翘首以盼远方的丈夫归来。望夫礁之名，便来源于此。古时交通不发达，出海捕捞危险很大，每当丈夫或儿子出海捕鱼，妻子或母亲便日日站在礁石处守望，盼着亲人平安归来。一处望夫石，是旧时千万个对爱情忠贞、命运凄苦的渔妇之缩影。

看到这，多数人恐怕都要因古时妇女的悲苦而心有戚戚，让这里多了丝伤感。而实际上要论长岛景区中内涵最丰富的，当数望福礁。它由最初的望夫礁演化而来。新世纪的旅游人脱去了历史遗留给它的那层苦难的外衣，给它换上新装，赋予它新的含义，使原本有些凄苦的望夫礁摇身一变，成为今日吉祥喜气的望福礁。说起"福"字，可是有着深厚的历史渊源了，吴承恩在《西游记》中就把蓬莱仙岛描述成福、禄、寿三星仙居之地。如今的望福礁公园也是主打福文化品牌，有中华第一福、中华玉福屏、中华福英等。另外，像张生煮海、妈祖护海、精卫填海、八仙过海等传说也都发源于此，足见此地"福气"之旺。

如今的渔村百姓，虽仍以打鱼为生，可随着现代捕捞技术的发展与海上搜救水平的日益提高，命运早已改写。渔妇守望的是日日满舱而归，凄美的爱情虽已不复现，但望夫礁却作

福海三岛石刻

↑ 跃出海面的"石鱼"

↑ 望夫礁

↑ 钓鱼岛风光

为一处景点得以保存，提醒人们过往的苦难，从而珍惜来之不易的幸福。这里视野开阔，岛礁密布，西望玉石街素练分波，庙岛塘内阡陌纵横，东与大小竹山岛遥相呼应。岸滩石礁连接处，一尊望夫礁立于海中，恰似画龙点睛。

如果你欲追寻海上历史迷踪或者神话传说，这里的丰富内涵一定不会让你失望。你可领略迷人的海上风光，发思古之幽情，天地相接处，古今融通，临水凭栏处，夜意阑珊。金光菊与女贞子的传说隐没在历史深处，回望夜色中的望夫礁，不禁感慨：与其在岸上展览千年，何不在爱人肩头痛哭一晚？

挡浪之岛——钓鱼岛

"钓鱼岛"是近年中日关系的关键词，不过下面介绍的可不是东海上我们的钓鱼岛，而是养在深闺人未识的渤海明珠——另一座钓鱼岛。

庙岛群岛中的钓鱼岛原来叫挡浪岛，似乎更能说明其特点。其四周蜿蜒曲折，形成一个天然的避风港，恰能阻挡风浪侵袭。每遇天公不作美，渔船行至此处，便顺势停靠，待风平浪静，再度起航。

浪遏飞舟，中流击水，再激情的人生也会有疲惫的时刻。此时，你需要找一处无人的小岛，卸下所有的防备，只与自己的灵魂相对。在蓝天白云下晒着太阳，看着那海龟水中游，四面环水，波浪托扶，嶙峋的怪石像张开嘴的野兽，惊悚中透着冒险的新奇，微岸斑驳，崖壁悬垂欲倾。在石门间穿梭，欣赏钓台春昼的那份寂静。奇幽的洞口滴着水，未入其中，已开始想象这里会不会是另一个无量玉壁，有没有段誉的奇遇。

要找到所有的答案，恐怕还要亲自到岛上走一遭。若是春夏时分来到这里，运气好的话还能看到成群结队的海豹在此游弋嬉戏。登礁远眺，四围尽是山，一望无穷水，如在画中游荡。

钓鱼岛不仅有奇美的自然风景，还蕴藏着丰富的水产资源，是鲍鱼、海参等珍贵海洋生物的理想繁衍场所。在这里，你可以在石壁间穿梭，重新体验儿时捉鱼摸蟹的乐趣；可以随渔民出海，载着满舱海鲜归来；也可以住在渔家，感受一下渔家生活的乐趣以及为生活劳碌的艰辛。在这里，你可以尽情徜徉于青山绿水间，在碧海蓝天中感受自然的抚慰，体验渔家淳朴的民风民俗，品味六一居士"醉翁之意不在酒，在乎山水之间也"的乐趣。

烽山林海

想要一览长山岛的风景，只在岸上观赏并不能见其全貌。要想全面领略其风采，临空俯瞰，才会有"横看成岭侧成峰，远近高低各不同"的感受。

烽山林海，初闻其名，便能激发人的想象力，不禁疑惑，到底是怎样的景色会让一个普通的公园有"烽与海"的气势，于是便有了探索的欲望。公园之妙，妙在其是南、北长山岛的最高点，既可登高远眺，又可观鸟赏海，站在公园内，32座岛屿一览无余。凌空而建的鸟阁是一座微型鸟类博物馆，珍

↑ 游人如织钓鱼岛

↑ 站在烽山上看到的黄、渤海分界线

藏着来此栖居的200余种鸟类标本。如果你是鸟类爱好者，来此必能大饱眼福。如果不是，也没关系，它又以拥有广袤的大海、茂密的森林而著名，堪称"浓缩了的仙境，扩大了的盆景"。

　　幽静深远，原始而神秘。天然浴场、石林奇洞、随风转动的白色风车诸景观组成了一幅迷人的海上画卷。放眼望去，一脉玉滩的长山尾延伸在黄、渤两海之间；东临碣石，以观沧海，水何澹澹，山岛竦峙。独立西风，体味昔日帝王之豪迈，秋水深望，绿野苍茫间，平添一番悲壮。

🔻 烽山

仙境源

仙境源落日

仙山在人间——仙境源

　　每个人的心中，都有一处仙境，或雾霭流岚、霞飞满天，或渔樵耕读、不知老之将至……因为想象的不同，仙境也在脑海中呈现不同的模样。不妨就让我们暂时放下心中对于仙境的种种限定，来到这里，尽情呼吸都市之外的清新空气，看看它是否就是你心中的方壶胜景。

　　在南长山岛一个不起眼的小村落中，静静地隐藏着一处鲜有人涉足的"仙境源"。1998年开发建成，因出土一颗距今久远的人类头骨化石以及近百座墓葬而闻名。原始的自然风光与神秘的神话传说让这里平添了一丝与世隔绝的味道，时间的流逝仿佛独与这里无关。传说中的仙境我们纵然无缘见到，但于尘世中，择一方净土，晨兴理荒秽，戴月荷锄归，大概也是人生的一种寄托。

　　既以仙境为名，其景色亦有可圈可点之处。步入仙境源，只见西天渤海落日雄浑，南部的石龟湾记载着列子书写的传说，一方方形似海龟的石头呈现在眼前。沿城墙拾级而上，登高阁临风眺望，奇礁异石遍布脚下。捡起一块光洁的鹅卵石，抚摸其上的纹路，那错综之间，是不是也暗藏了某些历史演变的密码呢？

东方鸟岛——万鸟岛

　　说起鸟岛，大多数人第一时间会想到青海湖。没错，青海湖的确是观鸟胜地，无奈偏居青藏高原，山高路远，对于东部的人们来说，有诸多不便。可喜的是，在我国渤海长岛景区，也隐匿着一座名为万鸟岛的小岛。此岛又称车由岛，只有0.05平方千米，小巧玲珑，远远望去，就像一艘停泊在大海深处的小舟。别看面积小，海深魅力大，岛小奇观多。就是这么一座小岛上栖居着成千上万只黑尾鸥、海鸬鹚、白腰雨燕等珍稀海鸟，是名副其实的东方鸟岛。每年四五月份，万鸟岛上都会迎来一年一度的盛大聚会，无数只海鸥时而在空中盘旋，掠过海面，时而在海滩漫

万鸟岛

步，觅食，嬉戏，好不壮观。此时的万鸟岛是沸腾的剧场、喧嚣的鸟国，更是海鸥的天堂。

　　要问万鸟岛上到底有多少只海鸥，恐怕谁也数不清。这里鲜有人涉足，尚未被现代文明侵袭。岛上只有一条小路直通山腰，又称通天路。漫步通天路，仿佛置身海鸥王国。这些岛上的土著似乎格外好客，伸手便可触及其羽翼。它们对人毫不设防，奏响悠扬的乐曲迎接客人的到来。登上山顶，密密匝匝的鸥鸟在四周盘旋，好一幅"鸥鸟百态图"。

　　小而精致的万鸟岛，远望极像一枚精心雕琢的玉玺，故称"皇帝宝"。近观之，更是别有一番趣味。登临绝壁，断崖兀立，总会疑心穿越到了某个武侠故事所描绘的场景中，飞沙走石，乱石穿空，何以至此？原来，这里的岩石，多是石英岩与基岩构造而成。经过漫长的风化和海蚀，水滴石穿，崖壁上坑坑洼洼，石阶、石台、石窟彼此相连，形成了一座天然的"石楼"，恰好为海鸥提供了巢穴，真是无巧不成书。

 海鸥飞翔

长岛候鸟

　　候鸟是最守时的信使。每年秋天，它们在空中一字排开，越过寒冷的西伯利亚，经过大兴安岭，飞越冰雪覆盖的长白山，最后在长岛停歇。每年到达这里的鸟类有270余种。

　　1982年，山东省人民政府把长岛列为鸟类自然保护区，并于1985年成立了候鸟环志中心站。

🔼 万鸟岛海鸥

在岛上信步游荡，海风中透着淡淡的咸味，海水湛蓝，浅滩处清澈见底。岛上有时很静，静得似乎能听到自己的呼吸。海浪拍打着礁石，时而咆哮，时而激荡，与海鸥的叫声合在一起，似一道绝妙的交响乐。

万鸟岛传说

海边总是流传着许多美丽的传说。看过《西游记》的人大抵对那英俊帅气的东海龙王三太子不会陌生。在取经之前，年少气盛的太子可没少惹麻烦。据说他经常在四海兴风作浪，八仙实在气不过，便设计将其锁在万鸟岛洞中。龙王一听着急了，连忙到天庭向玉帝求助。玉帝自然拗不过他，可又怕得罪八仙，就让天神在洞后又开了一个洞口，放出了龙太子。因此，此洞前后贯通。每当海浪涌进，幽深的洞中便发出虎啸龙吟般的响声，仿佛龙太子还在这里。

如今的岛上，随处可见千姿百态的岩石，孔雀礁、玉壶礁、天门洞等奇礁玄洞引人入胜，让人想深入其中，发掘其鲜为人知的秘密。

渤海石岛——砣矶岛

在波光闪耀的渤海，有一座小岛赫然耸立于庙岛群岛中间，它就是砣矶岛。名字虽有些拗口，但当你渐渐走近，揭开它的神秘面纱后，一定会被它的魅力所俘获。

去车由岛观鸟，来砣矶岛，则不可不看当地的奇石。渤海之岛，日日受海浪的洗礼，有奇石本不足为奇，但砣矶岛的山石比别处更为坚固，即使经海水千万年的冲蚀亦不会崩塌，反而塑造出了各种各样的彩石景观。而在林立的奇石中，最著名的当属金星雪浪石。

金星雪浪石

砣矶岛之景，妙在三绝：砚台石、盆景石和彩色石。你可别小瞧了这三样石头，虽然大多数石头并不是金贵物件，可砣矶岛的石头不一般。

在砣矶岛西侧的清泉池处，开采的石料颜色青黑，质地坚硬，温润细腻，细看犹如金星闪耀、雪浪翻腾，这就是我国著名的鲁砚石料之一——金星雪浪石。经过能工巧匠一番精心打磨，就成了摆在文人墨客的案头清供——砚台。金星雪浪砚不仅在文人墨客中享有盛誉，甚至连乾隆帝也赞不绝口。据说他有次得地方官员进贡砚台一方，反复把玩，甚是喜爱，当即赋诗一首：

> 砣矶石刻五螭蟠，
> 受墨何须夸马肝。
> 设以诗中例小品，
> 谓同岛瘦与郊寒。

除了砚台，岛上的另外两绝盆景石与彩色石也不逊色。岛上多奇石，奇在五彩斑

⬆ 金星雪浪石

澜。这样的石头是怎样形成的呢？还要从岛上石头的特殊材质说起。由于这里的岩石主要由石英与绿泥石构成，前者呈白色，后者呈蓝绿色，二者排列组合在一起便产生了一种蓝白相间的条带状彩色石块，即为彩色石。把这些彩色石制成盆景，竖直而立，若万泉争流，气势磅礴；横陈而入，则似白云绕峰，缥缈神奇。若是再精心打磨一番，让其天然之色充分显露，并配上恰当的名称，则一方方彩色石头便成了晶莹剔透、仪态万方的精美工艺品，用"无声的诗，立体的画"来形容，真是再恰当不过了。

彩色石的最大特点是色彩斑斓、图纹多变，赤橙黄绿青蓝紫，尽然其上，恰似有人手持彩练当空舞，洒下这般神奇的颜料，又如一幅彩墨酣畅、笔走龙蛇的泼墨山水画，尽显写意之风。整个砣矶岛如童话中的天鹅堡，无尽的想象在此停靠。游人至此，流连忘返；画家至此，搁笔长叹，万顷长卷不及石中丹青一笔。

欣赏了自然雕刻的奇石，再到有些原始的村寨，坐下来和当地的居民围桌吃一顿特色海鲜饭，在当地人淳朴、善良、爽朗的笑声中，你或许能感受到家的味道。满载而归的渔船在远处停泊，渔家亮起的灯光守候着归来的家人，傍晚的厨房飘起了饭菜的香味，人间烟火，从烟囱间飘向远方。

金黄砣矶，银杏飘落

砣矶岛上有两棵银杏树，已有近千年历史，如今依旧茂盛，亭亭如盖，庇护着岛上的居民。传说千年前这里还是一座寸草不生的荒岛，有和尚东渡至此，见极目处一片荒野，于是便在岛上建了一座寺庙，并将大陆带来的树种埋进土中。几年之后，两棵银杏树破土而立，枝繁叶茂。和尚死后，村里曾有人想砍倒树木造船，没想到斧落之前，山崩海啸，飞沙走石，人们惊恐不安，连忙向龙王下跪祈求宽恕，方风平浪静。如今的银杏树如同两尊守护神，保佑着百姓，是岛上人们心中的神树。

↑ 砣矶岛奇石

↑ 砣矶岛渔民作业

↑ 砣矶岛银杏

景色奇异的砣矶岛，处处可见风浪途经时留下的印记。奇礁异石平添了几分神奇色彩，姊妹峰、神仙洞、宝塔峰耸立于此，别有洞天。穿越砣矶岛上的石廊，轻抚石壁上色彩万千的镂空图案，感受历史深处的烟波浩渺，人也不自觉地放慢了脚步，想倾听来自历史隧道深处的风声。

⬆ 砣矶岛砚石

天生天养的砣矶岛吸八方之精粹，蒙天地之涵养，植被繁茂。春季山丹丹花开红艳艳，夏季黄花遍地，蝴蝶在花丛中飞舞，和着戴胜鸟清脆的叫声，奏出一曲自然和谐的乐章。山石坚韧，恰似磐石无转移，在雨雪风霜与海浪的共同作用后，形成了各种各样的彩石奇观：或立或卧，或直或曲，姿态万千，散布在长滩上。夕阳西下，给这里镀上一层金色，一颗颗石子散发着绚烂的光芒，像是在欢迎八方来客。

砣矶岛海蚀地貌

荷兰风情生态岛——月坨岛

美丽的渤海环抱着一湾碧水，月坨岛安然沉睡于渤海母亲的臂弯之中。日升月落，任世事变幻，它自悠然恬淡。作为绿色生态旅游示范岛，月坨岛的最大特点便是"干净"。这里不仅是自然环境干净，还率先采用新能源（风能、太阳能等），并通过生态循环系统（海水淡化、污水处理、垃圾处理、立体生态养殖）来发展绿色可持续循环经济，是为数不多的生态环保观光海岛。除却生态特色之外，还有一点不可忽略，便是月坨岛的荷兰风情。当原生态海岛与异域风情邂逅，便使得这座小岛在渤海众多岛屿中脱颖而出。

群芳争艳，风情无限

形似一弯晓月的月坨岛陆地面积0.43平方千米，离陆岸4.8千米，是河北省乐亭县西南端的一处沙岛。良好的封闭性使这里较好地保持了原始自然的野生环境。岛上灌木丛生，不知名的鲜花散发着奇异的幽香，倒有些《少年派的奇幻漂流》中偶然落脚的小岛的味道。20万平方米原生态海岛植被将这里装点得春意盎然，细软清洁的沙滩，配着海水清碧的天然浴场，彰显原生态岛屿的魅力；春秋迁徙季节偶尔驻足的候鸟与夏季夜晚漫天飞舞的流萤，使这里有了人间烟火滋味；踩踩蛤，捉捉蟹，随一舟出海，洒一竿垂钓，天生丽质的月坨岛，纵然淡扫娥眉，不施铅华，依然旖旎绰约，风姿醉人。

无数的鸟儿在这里栖息、繁衍，海鸥在无垠的海面上飞舞，野鸭在水面悠闲地游弋。万顷碧波澄澈，百鸟飞翔讴歌，芳草野花接疏林，小桥曲径通木阁。白色风车随风转动，天上流云变幻着形状。月坨岛极富荷兰风情，沉吟思量，让你疑心此时正身处欧洲某个小岛。

⬆ 月坨岛全景

⬆ 月坨岛植被茂盛

月坨岛是北方最负盛名的生态旅游度假中心之一，又有绿岛、快乐岛之称。踏入此岛，让人瞬间忘却烦恼，醉心于周围的美景之中。它与金沙岛、菩提岛遥相呼应，形成了一条漫长的东起山海关、南至北戴河、西连曹妃甸的沿海旅游观光带。原始的地貌，连同奇异的风光，形成了幽、奇、险的特色。行至水穷处，坐看云起时，颇有种世事洞明、豁然开朗的感觉。

观月胜地，生态乐园

月坨岛地处北温带，临海而处，是典型的温带滨海半湿润大陆性季风气候。这里四季分明，雨热同季，年平均气温在10℃左右。充沛的雨量与适宜的光照，吸引众人来此养生度假。

↑ 百花争艳月坨岛

↑ 生态月坨岛

这样一座得天独厚的小岛，自然少不了鸟儿来凑热闹。由于离大陆较远，较为封闭，尚未被大肆开发，月坨岛的风光自然原始，成为动植物们栖息的"风水宝地"。既然名为月坨岛，肯定与月亮相关。开阔的地势，使这里成为天然的观月胜地，正如古诗所云："水中见月月初弦，天水相涵月与连。夜半不知明月上，半成坨影半环天。"月坨之名，由此而来。

山珍海味品小吃

常言道：靠山吃山，靠海吃海。月坨岛地处河北，在这里可以品尝到地道的北派海鲜。河北海鲜菜制作过程中多放黄酱、虾酱，味道较重，吃惯了清淡菜的南方客人不妨趁此机会换换口味，说不定能有新的收获。当地最富特色的海鲜，首推皮皮虾。月坨岛出产的皮皮虾营养丰富。若是4~6月来到这里，不仅能大饱口福，还能看到捕捞皮皮虾的盛况。

↓ 刘美烧鸡

月坨岛的优势还在于很好地结合了山、海之特色，让你不仅能够品尝到营养丰富的海鲜，同时还能吃到肥美的山珍。这里的山珍，就是大名鼎鼎的刘美烧鸡。

刘美烧鸡可凉吃，亦可热吃。热吃时，先将鸡胸肉撕散，铺于盘底，将其余部分分割置于其上，以鸡皮覆盖，大火蒸1～2分钟，但闻香飘四处，令人垂涎三尺。

吃着香喷喷的烧鸡，再配上当地特色小吃岑科饺子、商家馅饼，酒足饭饱后，乘着海风到沙滩漫步，好不惬意。

休闲之旅泡温泉

渤海一带温泉众多，但月坨岛的温泉水却别具一番特色。它来自1700多米深的地下，水温常年保持在35℃～73℃，酸碱度适中，含有多种化学元素。更让人惊奇的是，这里的温泉水可以直接饮用。大大小小的温泉分布在岛上，如同海滩上斑驳的贝壳。在最高处的温泉俯瞰，能一览岛上美景，而最低处的温泉还可以和大海近距离亲密接触。

岛上松软的沙滩，让你时时有想光脚踩在上面奔跑的冲动。坐看海天相接，远处波涛涌起，蔚为壮观。在细软的海滩上，踏浪嬉戏，在石壁间寻找螃蟹的踪迹，摸摸浅滩处的花蛤，偶尔还能看到小海星、皮皮虾从眼前经过。吃着自己捉来的海鲜，定是别有一番滋味在心头。

多彩月坨岛

月坨岛上活动众多，出海打鱼、赶潮拾贝、夜行捉蟹、飞艇逐浪等充满乐趣。遇上节假日，这里更是欢腾的海洋，赶鱼节、浪漫节、七夕情人节等是这里的重量级节日。充满创意的活动、丰盛的美食、美不胜收的景色，使月坨岛成为浪漫风情游的首选之地。

⬆ 月坨岛温泉

⬆ 月坨岛沙滩

北方佛岛——觉华岛

世人大多只知有东海桃花岛，却不知在渤海辽东湾也隐藏着一座曾以花命名的岛屿，如幽谷百合，不染尘埃，那便是位于辽宁省兴城市的觉华岛，又曾称桃花岛、觉华岛、菊花岛。

由桃花岛、觉华岛、菊花岛再至觉华岛，这座辽东湾第一大岛数易其名。称谓符号的频繁变更，折射出的恰是此岛厚重历史的沧桑记忆。走进觉华岛，千年历史仿佛一时光画轴徐徐展开：战国时期燕太子丹刺秦失败后的颠沛流亡、唐太宗巡游辽东时的避雨山洞、帝王之师郎思孝兴建的恢弘佛寺、明清觉华岛激战遗留下的断壁残垣……

面积13.5平方千米、海拔198.12米的觉华岛远远望去，像一只漂浮在海面上的葫芦。地势南高北低，高低起伏的岛上开满野菊花，四处飘香。觉华岛与古城、温泉、首山、海滨并称为兴城五宝。

🔽 觉华岛

↑ 觉华岛海滨

↑ 觉华岛大龙宫寺

青灯古佛梵音绕

  觉华岛的地形颇具特色，在地图上也很好辨认，辽东湾中那个形似葫芦的小岛就是觉华岛。南北宽，中间狭窄，仿佛一个细谷，将岛分为两部分。虽同处一岛，但东、西两部分地貌差异很大，东部山势险峻，多为悬崖峭壁。这样险峻的地势鲜有人涉足，倒颇有些与世无争的味道，为佛寺的建造提供了得天独厚的条件。该岛之所以称为"觉华"，与一名僧人的法号有关。很多年前，有位名僧叫觉华，被辽圣宗尊为圆融大师。他带两名徒弟，驾一叶小舟，从东海至渤海，历经艰辛漂流到该岛上，但见岛上花香鸟语、怪石嶙峋、草木葱茏、景色幽雅。饥渴多时的师徒三人喝够甘甜的岛上清泉，饱餐林中瓜果，顿觉身轻体健，宠辱皆忘，于是定居该地，并将该岛起名为觉华岛。圆融大师在此建造了龙宫寺之后，隐居避世。朝代更迭，觉华岛虽地处海上，却香火不断。1460年，又在此建造了大悲阁。此后几百年

⬆ 龙宫寺大雄宝殿

间，这里又得到进一步修缮。菩提环绕，明镜高悬，青灯古佛，不惹尘埃，因此觉华岛又称北方佛岛。

太子避祸与唐王洞

如今的觉华岛上有一处深100多米的山洞，盛传燕太子丹曾在此洞避难，故称之为藏王洞。据说唐太宗李世民巡游辽东时也曾在此洞避过雨，因此此洞也名唐王洞。

神奇的唐王洞、九顶石、八宝琉璃井给这里增加了神秘色彩。岛上风光秀美，只见峰秀林翠，但闻鸟语花香。道路纵横，错落有致，山峦、河流相得益彰；洁白的贝壳散落在沙滩上，白云在如潮的松涛间穿梭。春夏之际，在青松翠柏中赏山花烂漫，听百鸟争鸣，看蜂飞蝶舞，空

⬆ 觉华岛唐王洞

谷不见人，但闻声声蝉鸣。登山远眺，水天一色，烟波浩渺，"鸿洞吞百谷，周流四无根，廓然混茫际，望见天地根"。在海岛之南，"海浒石雕"、"花岗海琢"历经千淘万漉，剥蚀出奇异的孔洞，宛如能工巧匠精心打造的假山。"过海石舫"似一艘即将远航的船，"黛石浪雕"群里的岩石质地细腻，颜色乌黑，酷似黛玉。海浪用纤纤玉手将沿岸的岩石雕琢成栩栩如生的动物群像，鲜活生动。在离海面一丈多高的蝗黛石上，"万卷藏书"、"百宝入匣"、"照妖镜"等石像，令人直叹造化之神奇。

生态宜居之岛

觉华岛之所以在古代就吸引了不少人到此定居，与它的气候条件密切相关。这里是典型的温带海洋性气候，四季分明，温度适宜，十分利于动植物生长。岛上松树、桑树、菩提树相间而生。风起时，绿浪如潮，但闻风声、鸟声相和，令人如痴如醉。

适宜的气候，四面环海的地理环境，为渔业以及旅游业的发展都提供了充分的资源。勤劳、智慧的觉华岛人，利用沿岸的大面积滩涂，大力发展水产养殖、捕捞等产业。皮皮虾、海蜇、青鱼、梭鱼等多种海鲜应有尽有，味道鲜美，同时又有很高的营养价值。

新世纪以来，随着兴城大开发战略的提出，福利惠及觉华岛。特色小店、配套设施日益完善，吸引四面八方的客人来此观光驻足，感受"夜凉海月耿不寐，几欲举手扪天星"。

⬆ 觉华岛海鲜

觉华岛风光

↑ 金沙岛美景

海上奇观——金沙岛

由笔架山上岸沿海岸西行，就到了濒临河北、天津、山东的渤海湾内。这里地处暖温带，季风性气候使其常年湿润温和。这一海湾内聚集着渤海非常多的岛屿，达110个之多，全部为冲积岛，沙质细软，是度假胜地。

来到渤海湾，就不能不提这里的金沙岛。它是一座由11个断续相接的沙坝组成的弧形沙岛。全长13.5千米，最宽处250米，面积3.25平方千米。冲积推进的泥沙聚集在岛内，黄沙遍布，阳光普照，一片金黄。我国海滩众多，亦不乏沙质优良者，但金沙岛的沙子却以"结实"取胜，即使人行其上也没有下陷的感觉。这里游泳地带宽阔，沙滩明净，海水洁净，是沙浴、海浴的好去处。

↑ 金沙岛海滨

↑ 金沙岛风光

金沙岛岛中有湖，湖中有岛，构成了罕见的海上奇观。远远望去，海岛似一艘巨轮航行于碧波之中，又似一头巨鲸匍匐于水面。随着潮水的涨落，岛的宽度也会相应地发生变化，移步换形，气象万千。狭长的海岛把近海分成内海与外海两部分。黄沙灿灿、海水碧蓝的外海是天然的海岛浴场。水质肥美的内海是鱼类、贝类、蟹类安居的天堂，也是涉海拾贝的好去处。

若是春、秋季节来到此处，还能有幸一赏奇观。成群结队的丹顶鹤、灰鹤在这里聚集，像是参加一场盛大的聚会。运气好的观鸟团，没准还能一睹世界珍奇鸟类灰咀鸥的风采。紧靠岛的西侧，是渔民出海捕鱼的主航道。晨曦曙光微茫，大大小小的渔船相继出海，到傍晚太阳落山时，唱着渔歌满载而归，船尾激荡出一团团水花，海鸥飞处彩云追。

🔽 美丽的丹顶鹤

海参之岛——桑岛

桑岛，位于龙口市东北的渤海中，是座名副其实的孤岛。沧海桑田，每沉吟至此，不免让人有怀古之思，感慨时间的流逝。桑岛，仅一个简单的名字，就引人无数遐想。多少年来，它静静地矗立于渤海中，远离大陆，少有人问津。这里没有浓厚的商业气息，有的只是人间烟火的庸常与温暖。

桑岛静默地俯卧在莱州湾中，四周尽是海，一望无际，仿佛隐士，过着与世无争的日子。然而它又是喧腾的，这里安放着一座小渔村，岛上的人们日出而作，日落而息，乘船捕鱼，养殖海参，有着不足为外人道的生意经，却将日子过得红红火火，其巨大的经济效益让人艳羡。这是桑岛人的智慧，也是桑岛赐予生活在这方土地之上的人们的一份大礼。

海参乐土

这座火山岛容易让人想起金庸先生在《倚天屠龙记》里所描述的冰火岛，当然桑岛可没有那么僻远荒凉。事实上，此岛虽小，仅有不到1000户居民，但岛上丰盛的海参却令人赞叹。见过海参、吃过海参都不稀奇，可桑岛人把海参这样金贵的补品叫成海茄子，就足见桑岛海参产量之丰富了。

⬆桑岛刺参

宁静的桑岛

这里出产的海参据说全国排名前三，食用价值非常高，经济效益自然也不低。桑岛渔村整体面貌跟内地农村差不多，只不过道路两旁兴建了渔家旅馆以及颇为有趣的"桑岛王府井"等商业街。以水产养殖促进海岛开发，从而取得巨大的经济效益，也是目前海洋经济发展的重点。在这一方面，桑岛走在了前列。

生物宝库

岛不在大，有物则灵。桑岛蕴藏的生物资源，足以令人刮目相看。这里东部紧靠黄海渔场，蕴藏着丰富的营养盐，同时又是渤海渔场的一部分，可谓集两者优势于一身。渤海物产丰富，是对虾、毛虾、真鲷、带鱼、小黄鱼、鳓鱼、鱿鱼以及梭子蟹等大量名贵海产品的重要产区。而桑岛特殊的地理位置，使其周围海域成为多种鱼虾繁殖和索饵洄游的首选之地。同时，此地暗礁绵延，利于"掩护"，刺参、石花菜、贝类等多种颇有"心计"生物都纷纷看上了这块宝地，争抢着前来繁殖，特别是刺参和石花菜，更是抢占先机。不论是大面积的石滩上，还是周围水域潮下带的岩礁底或较硬的沙泥底质上，都能找到刺参的身影。桑岛附近海域，水下岩脊、侵蚀平台、堆积坡以及堆积平原一应俱全。其中又以水下侵蚀平台与沙砾底质占地面积最大，约为整个海区的一半。重要的是这里的水深在10米以下，成为石花菜生长的乐土。而水下沙质又以粉沙和黏土质粉沙为主，松软细腻且有黏性，有利于浮养生物打桩、架筏，为筏式养殖扇贝、海带等提供了理想的地质条件。有了这样丰富的物产，桑岛人也没闲着。这里的居民世代以捕鱼赶海为业，积累了丰富的海上捕捞经验，也积累了大量的财富，日子过得红红火火。

↑ 繁忙的桑岛码头

↑ 桑岛海鲜

传奇之岛——猪岛

渤海海岛，形态万千，各具千秋，或以形取胜，或以景闻名，或如宝库，蕴藏着丰富的生物资源。个性十足的猪岛位列其中，堪称另类。位于辽东湾中的猪岛有三奇，一奇以猪命名却无猪，常住居民是一群可爱的斑海豹；二奇淡水井口感清甜，且常年不干；三奇传说之盛，扑朔迷离。

扑朔迷离的猪岛故事

关于猪岛的起源，历来说法不一，网络小说《猪岛的春天》曾对其有所涉猎，不过其中不免掺杂了作者的想象与虚构。而当地则祖辈流传着一个关于猪岛的"瞎话"。传说早年间渤海近岸藏着七条鱼精，住在海底一个百丈高、万丈深的洞中。鱼精们轮流值守洞口，眼睛探出海面，发出不同颜色的光。每逢夜幕降临，沿海的渔民都认为是夜明珠出没。一个财迷心窍的地主得知后，日夜念叨，希望得到这颗夜明珠，然而很多年过去了始终没有称心。临终之际，他将儿子海赖子叫到床前，嘱咐其千方百计也要将这颗夜明珠拿到手。

海赖子于是雇了两个水性很好的年轻人李五和张二，逼着他们去鱼精洞中盗取夜明珠。李五被迫出海后恰巧遇到出来觅食的鱼精，当即被吞入腹中。机灵的张二心生一计，将家里的一头肥猪披红挂绿送到海赖子面前，谎称其为天蓬元帅，哄海赖子骑上前往海中寻宝。海赖子求财心切，竟信以为真。趁海赖子骑上猪身，张二猛拍了一下猪屁股，猪疼痛难忍冲向海中，从此海赖子和猪再也没有回来。

葬身于海中的猪被鱼精们发现，它们用猪的身体堵住了洞口。断了尾巴的猪历经千年，成了今天的猪岛。

咫尺之间的"遥远"海岛

虽然夜明珠只是猪岛人想象出来的故事，但对于当地居民来说，猪岛确实是一块风水宝地。据《旅顺口风物传说》记载：猪岛由火山岩构成，土质肥沃，地势东高西低。岛上有一口淡水井，距海水不足百米。近海处，有一片石洼，潮涨而没，潮退而出。令人不解的是，这个石洼储存的淡水总

是甘甜爽口，常年不干涸。岛上的树木以柳、槐为主，还盛产一种白茅草，适合扎扫帚，是猪岛的特产。

猪岛周围海水清澈，从岛上向西水深由10米逐渐增至40米。每年春、秋两季，是岛上最繁忙也是最热闹的时候。大量的鲅鱼、金枪鱼等经济鱼类从黄海洄游而来，带来极大的经济效益，岛上居民的腰包鼓了，脸上也乐开了花。

冰面来客——斑海豹

猪岛沿岸水浅滩薄，每当西伯利亚的冷空气经过这里时，便开始结冰。经过严寒的冬季，直到春暖花开时节，冰才能融化。而在冬季结冰的日子，来到此处的人们经常

↑猪岛金枪鱼美味

斑海豹

会看到一群群可爱的斑海豹从海水中探出头，爬到冰上，三五成群，悠闲地晒着太阳，津津有味地吃着刚从水中捕获的鱼，享受天伦之乐。

这些不速之客来自何方？据《大连百科全书》介绍："斑海豹，俗称海豹，也称海狗，属跨海区远距离洄游、冰上产仔、冷温性海洋哺乳动物……在中国主要分布在渤海辽东湾，冬季结冰区为其繁殖区，也是该品种在西北太平洋最南端的一个繁殖区。每年秋季由日本海进入中国海区的斑海豹，自11月后自南向北洄游，12月穿越渤海海峡陆续进入辽东湾，随后在冰上开始繁殖生活，至翌年3月中旬幼兽开始移向沿岸。随着水温上升斑海豹随流南下，5月中旬以后全部撤离辽东湾……"

猪岛渔民节

每逢农历六月十三，猪岛岸边的北海镇格外热闹。一大早，镇上一派喜气洋洋的气氛。海边，锣鼓震天，鞭炮齐响，人们抬着早已宰杀好的猪、羊、鸡等贡品从四方赶来，齐聚海边。这是有什么盛事？

保护斑海豹

过去，猪岛附近的北海镇居民曾以营利为目的，大肆猎杀海豹，使海豹数量急剧下降。1992年，大连市政府建立了斑海豹繁殖保护区，猎杀海豹的情况才得以遏制。

↑ 猪岛渔民节

↑ 渔民赶海

原来，他们是到这里庆祝一年一度的渔民节。在当地，其隆重程度堪与春节相提并论。在喜庆热闹的气氛中，大家欢聚一堂，大碗喝酒，大块吃肉，共襄盛举。

当地居民靠海为生，农历六月十三是龙王的生日。为求风调雨顺，每年此日，他们都会隆重庆祝，不敢怠慢。延续至今，龙王生日变成了渔民节，但当地人的重视程度却丝毫未减。

蝮蛇基地——蛇岛

在茫茫渤海中的一座小岛上，藤蔓在奇幻的洞穴外攀爬缠绕，苍翠欲滴，洞内洞外盘绕着近两万条蝮蛇。它就是名副其实的北方"蛇岛"。

大连旅顺口蛇岛是世界上唯一一座生存着单一品种黑眉蝮蛇的海岛。这座面积仅有0.73平方千米的小岛上生活着将近两万条剧毒蛇。可以想象，但凡落脚之处，皆有毒蛇藏身，使这座小岛少了些温柔，多了丝惊悚。

蛇冬眠不稀奇，令人惊奇的是，岛上的蝮蛇是世界上唯一一种既冬眠又夏眠的蛇。这种蛇生命力极强，一年只要捕食几次便可以存活。日月流转，这一物种在岛上繁衍生息，已存活千万年之久。

生命的奇迹

这里最初并不叫蛇岛，甚至连岛都不是，只是与大陆连接着的一座座小山峰。由于这里温度适宜，常年空气湿润，小山上树木成林、绿草如茵，成为动植物栖居的乐园。飞禽走兽，竞相追逐，在大自然的原野上无忧无虑地生活着。

后来，天塌地陷，悬崖峭壁轰然崩塌，四周沉降。这里竟成为浩渺烟波中的一座孤岛。

乐园变成地狱，地震后侥幸存活下来的动物们此时草木皆兵，胆战心惊，时时害怕灾难再次降临，原本美丽的小岛成为弱肉强食的残酷世界。食草动物们无处觅食，没有力气奔跑，只能成为强者的美味。后来，岛上几乎所有的食草动物、小动物和鸟类都被食肉动物吃掉，接下来，便是更加残酷的强者对垒。这些食肉动物开始互相残杀，短短时间内，原本生机盎然的小岛成为荒岛，再无生命迹象可寻。

大连蛇岛

然而，冬去春来，人事有代谢，往来成古今。又一季秋天来临时，一群迁徙的候鸟从北方飞来，在此停歇，准备积蓄能量，飞赴温暖的南方过冬。荒岛因为这群生灵的到来而重新焕发了生机。它们欢快地飞舞、觅食、嬉戏，却未曾预料到危险正悄然逼近。一种爬行动物悄悄地从岩石缝中爬出来，静静地等待着，一旦小鸟逼近，立即猛扑过去，将毒液注入小鸟体内，将其毒死，然后饱餐一顿。这种城府颇深的爬行动物就是蝮蛇。

这个故事发生在距今千万年的那场地壳运动中，原本是片陆地的渤海地区地壳下陷，成为海洋，辽东半岛与山东半岛自此隔海相望。直至今天，在蛇岛的周围仍能看到断裂的痕迹。

为什么几乎所有的动物都灭绝了，而唯独蝮蛇还能存活？这要归因于蝮蛇极强的忍耐力，即使很长时间不吃不喝都不会死亡。在那场灾难中，它们悄然爬进岩洞。虽然地震造成了大部分同类的死亡，但也有一些"坚强"的蝮蛇存活了下来。它们忍饥挨饿，几个月后，终于等到了候鸟的来临，一举解决了它们迫在眉睫的食物危机。由于候鸟只在每年春、秋两季在此落脚，这些聪明的蝮蛇渐渐学会了夏眠，节省体力，保持体内的养分，好让自己有足够的体力活到候鸟来临时。除此蛇之外，几乎所有的蛇都将夏季作为捕食良季。蝮蛇在天塌地陷之际存活下来，创造了生命的奇迹。

蝮蛇的看家本事

蛇岛的蝮蛇是一种剧毒蛇，同时也是一种非常"懒惰"的蛇。它们能静静地躺在岩石上、树枝上、草丛里十几个小时，一动不动。那么，它们靠什么来捕食呢？这还要靠它们的看家本领——颊窝热测位器和毒液。

此外，蛇岛蝮蛇还有一个本领，就是变色。它们常常在早上从岩石洞或缝隙中爬出，爬到树枝上、草丛中，身体也变得跟树枝、草丛的颜色非常接近，等待着倒霉的小鸟送上门来。在蝮蛇眼睛和鼻子之间有一个被称为热测位器的颊窝，在一定距离内，能分辨出千分之一度的温度变化，而反应速度不超过十分之一秒。

⬆ 蛇岛蝮蛇遍地　　　　　　　　　　　　　　　　　⬆ 蛇岛小生灵

（↑）蝮蛇天敌——老鹰

蛇岛上的"战争"

蛇岛上经常发生战争，其中最激烈的要数蛇鼠之战与蛇鹰之战。

按照专家解释，在蛇岛形成时，岛上的鼠类应该已经灭绝了，后来的鼠是随着渔船上岛的。这种鼠的学名为褐家鼠，身体强壮且性情凶猛。误入岛上的鼠既无法回到陆地，又没有五谷杂粮可吃，只得吃树籽、草籽充饥，偶尔也会到海边捕食海胆、小蟹子、小海螺等。

按理说，鼠是夜间活动，蛇是白天捕食，应该是井水不犯河水。可岛上的食物太少了，就免不了要互相侵犯。在蛇岛上甚至有这样一种说法：蛇吃鼠半年，鼠吃蛇半年。虽有些夸大，但也从侧面反映了动物界为争夺食物发生的惨烈战争。

老鹰和蛇同样性格凶猛，两者是死敌。老鹰一般先是在高空盘旋，犀利的眼睛发现地上的蝮蛇之后，迅速俯冲，用锋利的爪子抓起蝮蛇，旋即又飞向高空。蝮蛇在老鹰的爪子下拼命反抗，吐着信子，试图用毒液击败老鹰。但奈何老鹰力气更大，蝮蛇在老鹰的利爪下往往既不能逃脱，又不能攻击老鹰，经过长时间的挣扎后，筋疲力尽，乖乖成为老鹰的美食。也偶有蝮蛇因为用毒液攻击着老鹰使其松开利爪。但从上百米高空跌下的蝮蛇，也是非死即伤。

蛇岛"养"蛇

由于蝮蛇含有剧毒，在成立蛇岛自然保护区之前，岛上几乎无人涉足，反倒使得岛上鲜花盛开，自然原貌得以保存。不过，在保护区成立之际，岛上的蛇也不足万条，这是许多捕蛇者利欲熏心、大肆捕杀的结果。保护区成立之后，经过人们努力，目前岛上蛇的数量已将近两万条。

蛇可以一年不吃东西，但却不能不喝水。蛇岛的蝮蛇在长期的进化过程中锻炼出了极强的耐饥能力，但却不能喝海水，仍以淡水为生，而岛上的淡水又实在太少，管理处的人们只能想方设法为这些蝮蛇储存淡水。开始的时候，只是在雨季时人为地挖些水坑，积存雨水。若遇上大旱，这个办法实行起来更难。于是管理处的人们便借用巡逻舰运水。运水上岛后，人们用800个水盆，将水摆放在岛上。

海鸥乐园——海猫岛

在辽宁大连蛇岛东南约9千米的海面上，有一处面积只有0.23平方千米的小岛，静静地守护着这片蔚蓝的海洋。它距离最近的陆地双岛湾约9千米，远离尘嚣，如一方净土。这座小岛景色并不奇绝，最高峰也不过200米，但在岛上行走，却堪称"惊心动魄"。除了岛的西面有一点缓坡之外，其余均为岩石裸露的悬崖峭壁，全岛的地形显现出标准的海蚀风貌，几乎皆由海蚀阶地、海岸悬崖组成。这座小岛便是海猫岛。

猪岛因形似猪而得名，海猫岛，顾名思义，也会让人联想到海猫。然而，猫大家都熟悉，海猫是何物？原来，这一称呼是当地人对海鸥的别称，这里的海鸥会发出像猫一样的叫声，海猫岛由此得名。

海猫岛与蛇岛毗邻。但虽是邻居，二者却迥然不同。蛇岛以蛇著称，海猫岛则以鸟多而闻名。岛上树木丛生，气候适宜。虫儿飞，鸟儿鸣，迁徙的候鸟途经此处，都忍不住停下脚步，稍作歇息，因此这里也成了北方候鸟的大型驿站。这里的鸟类中数量最多的要数海鸥，它们选中了这块土地，安家落户，捕鱼为生，安然自得地生活。若有人在海鸥产卵期试图上岛捡蛋，团结的海鸥们必定群起而攻之，或投下石子，或用翅膀拍打人脸，直到把入侵者赶走方才罢休。最有趣的还要数海鸥的求偶方式。与人类一般男性主动不同，海鸥的择偶观可以说得上是特别开放，由雌鸥采取攻势。如果她看上了某只雄鸥，便朝着他大展歌喉，发出嘹亮的求爱讯号。一旦有雄鸥禁不住诱惑接受求爱，原本大胆的雌鸥此时却变得娇羞起来。若此时雄鸥想要获得雌鸥的青睐，必须拿出一番诚意：一头扎进大海，叼上一条小鱼，喂到雌鸥口中，才能得到雌鸥的芳心。

由于海猫岛上没有高大的乔木，植被主要以灌木和草丛为主，且无人居住，天敌和人为因素干扰少，距离大陆捕食地点又比较近，除了海鸥之外，岛上每年都有数以万计的海鸟栖息，形成罕见的鸟岛奇观。群鸟齐鸣，翱翔天际，蔚为大观。

🔽 美丽的海鸥　　　➡ 海猫岛海鸟

养在深闺人未识——芙蓉岛

芙蓉如面柳如眉，碧海蓝天下的莱州湾，魅力无穷。在其臂弯中，一座小岛如沉睡千年的美人，等待着世人轻轻将其唤醒。

以芙蓉为名，平添几分娇美，芙蓉岛又像一位养在深闺中的小家碧玉，正待世人揭开其神秘面纱。这里既有迷人的"海滋"奇观，兼具浓厚的历史底蕴。春色满园关不住，芙蓉正欲出墙来。

这座无人小岛，海拔不到百米，面积也只有0.35平方千米，身姿曼妙，小巧可人。然而性格却如双子，其地势东、南两面较为平缓，西、北则摇身一变，悬崖峭壁林立，让人直叹造化之功。隔海相望，犹如航行在茫茫云海中的一叶扁舟，多了丝轻灵与缥缈，又仿佛不食人间烟火的女子，冰肌玉骨，纤尘未染。

寄蜉蝣于天地

说到芙蓉岛名称的由来，颇有一番渊源。民间相传明代大学士毛纪与正德皇帝对弈时提出如自己获胜，请皇帝以此岛相赐。正德皇帝欣然同意。结果毛纪取胜，因见此岛婀娜多姿，遂以幼女乳名"芙蓉"唤之，芙蓉岛之称，自此流传。关于此岛的名称，还有另一种说法。据《掖县志》记载："芙蓉岛，隔海岸五十里，翠螺一点，泛泛烟波中，状如蜉蝣。"因此，芙蓉岛又名蜉蝣岛，这令人不禁联想到东坡之词："寄蜉蝣于天地，渺沧海之一粟。"

⬆ 芙蓉岛远眺

八仙"戏"芙蓉

美丽的岛屿自然催生着人们的想象，芙蓉岛也不例外。相传，很久以前，八仙中的铁拐李在沙门岛与海神娘娘下棋。当天铁拐李的运气似乎欠佳，连输两盘。眼看第三盘又要战败，暴脾气的铁拐李终于按捺不住，与海神娘娘当场吵了起来。本来输了棋就很窝火，加上被海神娘娘一激，铁拐李一气之下，非要给海神娘娘的庙宇戴上一顶"帽子"。海神娘娘一听慌了神，连忙跑到天庭向张天师求救。铁拐李此时已经到了太行山，向山神要了一座小山，正一瘸一拐地往回走。因为腿脚不便，走到莱州湾时，已是大汗淋漓，口渴得厉害。于是，他便用拐杖把山峰支在海上，掏出葫芦来喝酒，酒酣脑热，竟在一旁打起盹来。张天师腾云驾雾来到这里，一看铁拐李睡得正甜，机不可失，当即念咒，支在海上的小山仿佛生

↑八仙故事画

了根，牢牢地定在海底。过了一会，其余七仙路过这里，看见铁拐李还没醒，便在小山上玩起来。待铁拐李醒来，想要撬起这座山，无奈即使费了九牛二虎之力，这山也纹丝不动。从此，岛上便留有曹国舅的牙签顶起的神仙洞、吕洞宾剑劈的一线天、张果老的拴驴柱以及八仙饮酒的聚仙台等。

文豪泼墨点精粹

海上仙岛少不了文人墨客来此观光。宋代大文豪苏东坡曾登岛赋诗，存《渤海夜渔》一首："星散万家灯，疑是原上城。碧海鱼儿跃，蓝空有鸟鸣。披蓑舟中待，不觉到天明。"吟诵着这首意境清幽的诗，欣赏着眼前缤纷的美景，仿佛置身世外桃源，不禁心生感慨。千载芙蓉岛，如一幅徐徐展开的画卷，美不胜收。

"海滋"奇观

2012年2月4日，莱州城港路近海出现"海滋"奇观，一座飞碟形的小岛，明显与海平面脱离，悬浮于海上。据介绍，此次"海滋"奇观中的小岛就是芙蓉岛。

所谓"海滋"，是类似于海市蜃楼的一种光学幻象。当海水与水面的空气层出现较大温差时，光线通过密度不同的大气层发生折射，从而使岛屿等变幻画面，仿佛悬浮在空中。这种现象多发生在春、秋两季，此次在冬季出现，实属罕见。

海滨景区

　　大美渤海，花团锦簇，群芳争艳，灿烂今朝。在渤海的众多岛屿上徘徊流连，观群山起伏，雾霭流岚缭绕。落脚大地，装点着渤海的是更加绚烂多姿的景区，如渤海沿岸玉带之上的花环，锦绣灿烂。这里既有绮丽的风景，又有深厚的人文底蕴。海上仙山蓬莱，"东方云海空复明，群仙出没空明中"，在日新月异的变幻中寻找亘古不变的永恒；惜秦皇汉武，大浪淘尽千古风流人物；东临碣石边，山河依旧，今日的秦皇岛已换上新装……天然之出尘，人文之积淀，雕刻着渤海景区别样之美。

🔼 蓬莱阁风光

疑是仙境入梦来——蓬莱阁

亦真亦幻的海市蜃楼美景，美丽的八仙过海传说，让这里平添了几分"仙气"，而雄伟巍峨的蓬莱阁在迷人的海天风光映衬下，更显英姿飒爽；登州古港内，依稀可见

🔼 蓬莱阁

古老的戚家军征战沙场的雄风；明妃羽化登仙，又给这里涂抹了一层凄婉之色；沈括寻访遗迹，苏东坡提笔挥毫，一个"仙"字，道尽蓬莱风流！

位于山东半岛北部的蓬莱依山傍海，地理位置得天独厚，渤海、黄海相萦绕，辽东半岛居北守护，东边还与近邻韩国、日本隔海相望。长达65千米的海岸线蜿蜒起伏，别有风姿。如今已名列国家5A级旅游景区的蓬莱阁与黄鹤楼、岳阳楼、滕王阁并称中国古代四大名楼。蓬莱阁历史悠久，可追溯到北宋嘉祐六年(1061年)，现今经过修缮，大体保持了原貌。蓬莱阁、天后宫、龙王宫、吕祖殿、三清殿、弥陀寺等六个单体和附属建筑共同组成规模宏大的古建筑群，占地32800平方米，建筑面积18960平方米。登阁远眺，只见远山含烟，阁前清泉流过，海浪拍打着赭红色的丹崖峭壁，海鸥翱翔天际，星点渔船出海，百鸟在林中尽情欢跃，好不热闹！

蓬莱阁

世人大多只知有江南三大名楼，却不知在北方亦藏匿着一颗璀璨的明珠——蓬莱阁。秦始皇访仙求药与八仙过海的神话传说给蓬莱阁涂上了一层神秘的色彩。站在丹崖绝顶的蓬莱阁主殿临仙阁上，居高临下远眺，四方美景皆收于眼底，心内顿生超凡脱俗、飘然欲仙之感。向北

↑ 田横山与海　　↑ 田横山

观望，海天铺展成辽阔的画卷，偶有渔船点点，点缀于万里澄波之上，心下一片空明。那不知疲倦的海鸟忽而窜到银色的浪尖上掠水，忽而又落到黑色的礁石上栖息，犹如一群白色精灵。向南望去，多少楼台烟雨中，车水马龙，高楼栉比，一派兴旺和谐之境。西观矗立于水中的田横古寨，掩映在葱郁的树木之中，隐约可见。东顾水城壮阔，刀鱼寨里战船蓄势待发，旌旗飘扬，昔日戚家军横扫千军如卷席的雄风依然浩荡。远远地看见有人划一叶小舟在小岛旁垂钓，到晚霞满天时归来，想必已鱼虾满箩。

田横风情

　　山水青睐之地，必有灵性。蓬莱海上自古多仙山，或地理位置险要，或具有深厚的历史文化积淀，而能凝聚两者之精华者，更属山中之上品。田横山便是这样一座"上品灵山"。

　　田横山位于丹崖山西侧、山东半岛最北端，亦称老北山，与辽东半岛上的老铁山灯塔遥遥相望，守护着渤海的南北大门，二者的连线便是黄渤海分界线。此山居山海之要塞，历来为兵家所重视。汉初齐王田横便慧眼独具，选中了这块地方作为屯兵处。这里曾硝烟不断，战鼓齐鸣；明清两代在此设有炮台；抗日战争时期八路军曾于此击伤日舰。历史的尘烟散去，这里逐渐呈现出清明之色。如今的遗址上兴建了文化公园，山海之色，尽收眼底。

戚继光故里

　　物华天宝，人杰地灵，虽是《滕王阁序》中的名句，但用来形容蓬莱，也毫不为过。蓬莱不仅风光秀丽，还是明代著名抗倭将领戚继光的故乡。景区内的两座御赐牌坊和崇祯年间修建的戚继光祠堂，属于国家重点保护文物，也是山东省著名爱国主义教育基地。故里景区占地面积9.2公顷，虽不甚大，但在明清街上流连会让人有穿越之感，仿佛进入另一个时空。尝尝当地的特色小吃，沿钟楼西路商品街一路走来，欣赏沿途的古字画，到戚府观赏当年抗

↑ 戚府

击倭寇的兵器、战袍，于望云楼登台眺望，极目处海天一色，似乎更能领略英雄当年"封侯非我意，但愿海波平"的豪气与胸襟。

水师府

    水师府（戚继光纪念馆）虽只是一处二进小院落，却也结构精巧，玲珑有致。踏入正门便是正厅，东西厢房分列两侧，由回廊接通。正厅、厢房皆单檐，用琉璃瓦覆于表面，阳光下散发着耀眼的光芒。屋脊有六兽作为装饰，正厅屋面为开山构造，厢房屋面则为重檐歇山式，充分彰显古典建筑之精华。整个纪念馆展厅以展现民族英雄戚继光保国卫民、戎马一生为主线，极富历史韵味。

↑ 水师府

蓬莱水城

　　蓬莱水城地处蓬莱市区西北丹崖山之东，原为1042年修建的用来停靠战船的刀鱼寨，明代又在此基础上修筑水城。它与蓬莱阁比邻而居，是中国古代海防建筑科学的杰作，如今已成为国家重点文物保护单位。该建筑充分彰显了古人的智慧。作为海防堡垒，水城依山傍海而建。出入海上的地方，建有一座水门，设闸蓄水。平时，闸门高悬，船只自由进出；一旦发现敌情，闸门放下，海上交通便被切断。水门两侧又各设炮台一座，驻兵守卫，形成了一个进可攻、退可守的防御体系。这也是我国目前保存最完整的古代水军基地。从丹崖向下俯瞰，水城有"断崖千尺，下临天地"之势。远眺，绿树掩映，殿阁凌空，云烟缭绕，浮光耀金。古桐含笑，垂柳拂面，牌坊高耸，诗碑林立。戚继光曾在这里操练过水军，英勇抗击入侵我国海疆的倭寇，立下了不朽的功绩。

蓬莱水城

蓬莱水城旧为登州古港。登州是古地名，在蓬莱附近，历史上商贾云集，用今天的话说，堪比北京的CBD。如今，重新修建的登州古市古香古色，同时又增添了些许现代气息。小街南端立仿古牌坊，坊额有书法家吴作人亲书"登州古市"。坊柱楹联为"供飨十洲三岛客，欢迎五湖四海人"。东侧1.8万平方米仿古建筑辟为旅游购物一条街，分别设有旅游餐馆、购物商店、水城鱼行等。领略海上仙山之美后，夜幕降临前，到登州古市一条街转悠转悠，感受一下古登州浓厚的商业气息，也是个不错的选择。

↑ 蓬莱水城内的古炮台

中国船舶发展陈列馆

濒海之地总少不了船舶。在远古时代，除了陆路运输，水路亦是重要的交通方式。在蓬莱，有目前我国唯一一座船舶陈列馆，240多平方米的两个展厅里陈列着我国各个历史时期的代表性船模50余只。你不仅能看到5000年前的独木舟、东汉斗舰、隋代龙舟、唐代游舫、明代郑和宝船等船模，还能领略战舰、货轮、游轮、客货滚装轮等现代船舶的风采。来此参观，既大饱眼福，又增长见识。

黄、渤海分界线

"老铁山头入海深，黄海渤海自此分。西去急流如云海，南来薄雾应风生。"除去深厚的历史积淀与旖旎的风光外，田横山还有着特殊的地理意义。把它与旅顺老铁山连成一线，

↑ 郑和宝船船模

⇩ 神龙分海

便构成了著名的黄、渤海分界线，也就是俗称的一山分二海。东部黄海部分水是深蓝色，而西部渤海水却显得浑浊，呈微黄色，这条分界线可是天然的泾渭分明。这里不仅流传着关于龙王的神话传说，也是渡海英雄张健当年横渡渤海海峡的地方。更夺人眼球的是其分界坐标的设计，两条盘曲而上的巨龙，象征黄、渤二海，二龙共衔一珠，代表蓬莱。二龙戏珠，寓意吉祥，既呈现了华夏图腾艺术的美感，也为田横山增添了颜色。

海滨度假

海滨度假近年来蓬勃发展，本来不算什么新鲜事，但蓬莱的妙处在于很好地将古今融合。漫长的海岸线满足了游客观海冲浪的需要，细腻良好的沙质更是让人充分享受戏浪玩沙的乐趣。在开阔的滨海大道上迎风而立，看远处海天一色，领略"忽闻海上有仙山，山在虚无缥缈间"的朦胧之美，听听八仙过海的传说，抚摸沧桑过后的遗迹，碧海潮生，人间至善，也莫过于此了！

↑ 蓬莱山庄海滨度假

人间天堂——北戴河

春夏秋冬，日复一日，年复一年，在惯常的轨道上行走，总有疲惫的时候。这时候你如果想放下一切，找一个清净的地方，抛开世俗的烦扰，享受蓝天绿树、碧海金沙，北戴河是一个上佳的去处。北戴河海滩上沙滩与礁石错落相间，海湾和岬角依次排开，海岸线长达20余千米。其沙滩松软洁净，沙质为北方海滨之佼佼者。而造型奇特的礁石，又会不断激发游人的想象力，让人浮想联翩。浅浅的海湾，清澈见底。无论是观鸟观海还是观日出，此处都是上上之选。这里既有曲折平坦的沙质海滩，潮平两岸阔，又有树木葱郁的联峰山，绿水绕城郭。燕赵自古多慷慨悲歌之士，行走在群雄并起的大地上，似乎还能感受到易水之寒，悠闲中更添肃穆与豪壮！

地处河北省秦皇岛市中心西南的北戴河是国际知名的度假疗养胜地，每年吸引众多中外

度假胜地

北戴河作为旅游胜地，可是有不小的来头。早在清朝光绪年间，此地已被开辟为各国人士避暑胜地。到了20世纪30年代，外敌入侵，这里的殖民地色彩愈加浓厚。新中国成立之后，北戴河旧貌换新颜，除了延续了以往的功用，还兴建了很多休养所、疗养院等，逐渐成为世界上著名的度假疗养地。

四季温度适宜的北戴河自然是游人如织，因此喜欢清静的人们最好避开旅游高峰。这里的旅游季基本为5～10月，其中7～8月份是高峰季节。

◀ 北戴河

游人前来观光、小住。北方风景名胜并不鲜见，是什么铸就了北戴河如此大的魅力呢？这要从其得天独厚的地理位置以及自然条件说起。

北戴河是典型的温带海洋性气候，常年保持着一级大气质量，冬天不冷，夏天不热，没有污染，鲜有噪音，是不堪喧嚣之扰的都市人难觅的清静之地。这里绿水环绕，森林覆盖率极高，人均绿地630平方米。天然的优质海滩，让来此度假的人能与大自然亲密接触。而且，北戴河处于环渤海的重要位置，与北京、天津、葫芦岛构成一条黄金旅游带，可谓得天独厚。这样的北戴河，让人怎能不爱？

燕赵故地，慷慨悲歌

如果只是一处风景优美的旅游胜地，那么北戴河的魅力便会大减。北戴河之美不仅美在旖旎的风光，更在于其悠久的历史，使其于无限的风光之外，更添一丝厚重与大气。

　　燕赵自古多慷慨悲歌之士。早在远古时期，我们的祖先就已经在这块土地上繁衍生息。商、周时期，此地归于孤竹国。公元前664年，孤竹亡国，这里又归燕国管制。

　　再后来，此地几易其主，风波不断，也有无数英雄豪侠留下了诗书墨宝。魏武帝曹操于207年秋北定乌桓，之后曾沿辽西走廊班师回朝。某日傍晚行至碣石境内，触景生情，当即赋诗一首，是为《观沧海》。时至今日，伫立于此，看水何澹澹，山岛竦峙，仿佛仍能感受到曹操之豪迈气度。645年，李世民御驾前往高丽，九月回朝，十月入临渝关，不忘"次汉武台，刻石记功"。

　　当然，这里也曾见证晚清屈辱的历史。北戴河风光秀美，英法俄美等国相继到此圈地、开矿、兴建别墅，试图将此地据为己有，使之成为北方"殖民乐园"。

　　直至1945年，日本投降，国民政府接管北戴河海滨区，并设立专门管理单位，以便更好地管辖此处。三年后，人民解放军进驻北戴河。经历了一个世纪的风风雨雨后，此刻方归于平静。

山海关古城

　　"两京锁钥无双地，万里长城第一关。"在东方传统文化中，山聚仙乃奇，海藏龙而神，关踞险为雄。而在我国，唯一一个以山、海、关合并命名的地方就是山海关。

　　长城之首老龙头，天开海岳；天下第一关，名声远扬；角山长城，悬壁倒挂；孟姜女庙，千秋铭贞；长寿山，峰峦叠嶂；燕塞湖，紫塞明珠；海洋乐园，业已开放；森林公园，全面开工。这些无不显示了山海关的旅游资源价值及其独特魅力。

山海关古城

秦始皇行宫遗址

说到秦朝遗址，人们脑海中的第一反应多数是位于古城西安的秦始皇陵兵马俑。的确，论保存之完整、工程之浩大，现存秦宫遗址，无出其右。然而，作为中国唯一一座以皇帝命名的城市——秦皇岛，其自然风光之美却在很大程度上遮蔽了悠久的历史。殊不知，当年秦始皇东巡碣石，经过此地，亦有遗迹留存。

秦始皇行宫遗址占地面积达27000余平方米，位于北戴河区海滨金山嘴路8号，目前已经开掘的15800平方米行宫遗址地面明柱础石排列有序，坐北朝南，气势恢弘。虽昔日辉煌难以复制，但当置身于此处，看着陈列的瓦当、水管、井圈、盆、鉴等器具，想象古人曾经的生活，每一寸土地似乎都在诉说着一段尘封的故事。丰饶的渤海，也因为有了这些落满历史尘埃的遗址存在，更显厚重。

⬆ 秦始皇画像

北戴河别墅

拥有碧海蓝天与金色沙滩的北戴河，历来是北方避暑胜地，吸引着大量游客。如今的北戴河更具魅力，滨海一带的名人别墅相继开放，花些钱就能住上名人别墅，感受感受名人的气息，也是人们来此观光的一大收获。

北戴河的老别墅，就是老百姓口中的"老房子"。盛极一时的北戴河曾与夏威夷齐名，足见当时的豪华。这些小巧玲珑的老房子多为单层建筑，部分为二、三层，以红顶、素墙、大阳台为标志，既显露出鲜明的异国格调，又凸显出迥异的建筑风格，与厦门、庐山、青岛的老房子并称为中国四大别墅区。几易其主，这些饱经风雨的老房子见证了百年沧桑，记载着陈年往事。

在这些风格各异的老别墅中，每接近一处房子，便是触摸一段尘封的记忆。这里有1903年建造的标志着中国一段屈辱历史的海关楼，有解读北方工业巨子周学熙心声的趣园，有建设北戴河的功臣朱启玲的蠡天小筑，有富商吴鼎昌以一场豪赌换来的豪华别墅以及作为少帅张学良行辕的张家大楼。随着这些老别墅的神秘面纱被渐次揭开，许多扑朔迷离的民国往事也逐渐浮出水面。

↑ 北戴河别墅

↑ 瑞士小姐楼

瑞士小姐楼

瑞士小姐楼是一座典型的欧式建筑，在北戴河众多的别墅中别树一帜，被收录进国家级古建筑名录中。这座有着百年历史的老楼历经风雨，也记载着一段尘封的往事。当时的瑞士驻天津领事馆领事乔和为了庆祝其女儿8岁生日，特意送上了一座精巧的小楼作为贺礼，这便是瑞士小姐楼的命名来历。

凭海临风，立于廊上，渤海之美景尽收眼底。听燕语呢喃，看海鸥飞舞，观潮起浪落，海滨之盛景皆为我所有。这座建筑面积约为1065平方米的老楼，分三层，环廊绕其四周，并有独立的花园，紫藤花架相绕，风吹起一树芳香，沁人心脾。院中还有一口百年古井及专门从瑞士移植来的名贵花木，在园中漫步可尽享瑞士风情。此园因此深受剧组青睐，经常被作为欧洲外景拍摄地。如今经过精心的修缮与复原，瑞士小姐楼又恢复了昔日风采，以别样魅力笑迎四方宾朋。

三峰相连，云中天梯

站在高处俯瞰，联峰山就像是一个横放的莲蓬，因此，联峰山公园也叫莲蓬山公园。1898年，这里被清政府开辟为避暑胜地。风物长宜放眼量，联峰山的确让人不可小觑。联峰山之妙，妙在植被繁茂与地形之奇特。公园占地1636亩，是不折不扣的小型森林博物馆。三座松林覆盖的山峰连缀而立，故有联峰之说。最高峰海拔153米，虽不及高原群山之峭拔，但登高远眺，四周美景尽收眼底，已是美哉妙哉。山顶处有亭依山而立，名曰"观海"，大抵取"东临碣石，以观沧海"之意。虽跨越千古，今人登高，却可前见故人，后望来者，古今在此交汇，意境高远。

联峰山南麓蜿蜒曲折，一条顺势而上的台阶长达400米，全由水泥砌成，汇人力于一身，脚步铿锵，皆是汗水。北麓用278块花岗石砌成台阶直通山顶，在登顶的同时，我们不禁心怀感恩，若不是辛苦的铺路人，怎能有今日之"天梯"？

联峰山公园原为开放式，直到1986年才先后建起南、北两座大门，仿牌楼式建筑。站在牌楼下仰望，琉璃瓦在阳光照射下散发着熠熠夺目的金光。形体高大的碑刻，造型华美，置身其中，恍若隔世。

由于山势陡峭，公园内原本交通不便。1991年，这里修建了环山路，从此在园内行走，畅通无阻，可遍览山中风光，看红萼遗世独立，悠然芬芳。

如此美景，自然不可缺少嘤嘤鸟鸣作为点缀。园内在上个世纪末增添了鸟语林，引进200余种珍稀鸟类。如今人们到鸟语林，可充分领略古诗句"空山不见人，但闻鸟语响"的意境，顿生回归自然、心旷神怡之感。

⬆ 联峰山公园

碧螺灯塔，守望归人

三面环海、风光绮丽的碧螺塔公园恰似翩然在海上舞动的碧螺仙子，风吹起裙角飞扬，内秀含蓄，韵味十足。

碧螺塔是世上独一无二仿海螺形状而建的灯塔。雾中航行或是夜晚归来，那一盏灯火，守望着多少渔船安然地驶进港湾。塔共7层，高21米，有旋转式楼梯通往塔顶，非常壮观。

碧螺塔的造型，充分展现了古代匠人巧妙的心思，自下而上分别将海、陆、天纳入其中，辅以海藻、珊瑚、云彩、彩霞、飞禽走兽等作装饰，五光十色，流光溢彩，甚是奇妙。走进塔内，更是美轮美奂，各色壁画置于眼前，令人目不暇接。恍惚中，似乎海蛙姑娘婀娜着身姿向你娉婷走来。近观之，竟是一尊木雕，巧夺天工，令人直叹技艺高妙。大型屏风上书写着柳毅与龙女的传奇，千古绝唱，爱情镌刻的神话，总让人唏嘘感叹。

⬆ 联峰山风光

碧螺塔是整个海滨东山地区的最高点，站在塔顶远眺，只见海水浩荡，横无际涯，碧波闪耀，尽收眼底。早观日出，夜听波涛，欸乃水声，枕水而居，入夜灯火通明，其乐无穷。

⬆ 碧螺塔公园

石虎斜卧，虎踞龙盘

在北戴河景区中心地带，有一占地面积约33000平方米的公园。园内巨石延伸入海，形如猛虎盘踞，故名老虎石海上公园。远远望去，一只只石虎斜卧海滩，山呼海啸，颇有气势。站在高处远望，仿佛有一只海龟正在慢慢地挪动，这就是园内著名的海龟石。

关于老虎石海上公园，还有一段美丽的传说。当年秦始皇一统天下后来到渤海边，想要寻求长生不老的秘方。有一天，他边走边思量，忽然面前有一座大山挡住了去路。挡了皇帝的路这还得了，秦始皇当即大怒，取出赶山鞭朝大山用力挥舞三下，立时山崩地裂，让出大路。那些破损的石头借着鞭子挥舞的威力向东北方向飞去，狂暴的秦始皇策马扬鞭紧追不舍，追着追着，却不见了巨石，唯有一群色彩斑斓的老虎在海边自顾自地玩耍、嬉戏。见有人靠近，老虎立即张牙舞爪，发出怒吼。秦始皇此时慌了神，调转马头，快马加鞭跑开。吓跑秦始皇后，那些猛虎摇身一变，一座座形似猛虎的巨石分布于此，这就是我们今天所见到的老虎石。

听完了动人又有趣的传说，你是不是也想到老虎石海上公园看一看呢？走进公园，只见形态不一的礁石散落在海滩上。有的在巨浪拍岸中安卧着，有的旁若无人，在阳光下酣睡……潮水上涨，海浪搏击着岸边

⬆ 北戴河老虎石

⬇ 北戴河老虎石海上公园浴场

的礁石，卷起滔天巨浪。时而，又是风平浪静，晴空万里，波光潋滟的水面，倦鸟余花，碧空澄明，海天一色。

择高处而立，倾听大海的呼吸，看渔帆如星斗，点缀万里碧波。持竿垂钓，回首北望，山峰耸峙，绿荫中楼宇五色缤纷，山海相映，倍增情趣。此时的老虎石，如镶嵌在渤海之滨的明珠，闪烁着诱人的光芒。

在老虎石西侧，有1957年兴建的小码头，可停泊小型游艇、游船等，是观景、垂钓的理想之地。碧海，金沙，吸引着国内外游客到此观光。在海滩上沐浴着金色的阳光，享受难得的欢乐时光，此情此景，令人难忘。每年夏季，这里会迎来一年中最热闹的时分。天尚未亮，便可见游人成群结队来到海边，或拾贝壳，或观潮起潮落，或在岸边徜徉。到旭日东升，则无论男女，都穿着五颜六色的泳衣下水嬉戏，寂静的海滩顿时变作欢乐的海洋。

现代农业，多彩集发

如果在北戴河欣赏美景、品尝海鲜，仍然不能满足你的要求，那么还有一处"好玩"的地方，绝对能让你大饱眼福，感受不一样的现代农业之旅，这便是集发观光园。

坐落在北戴河境内的集发观光园，是国家AAAA级农业旅游示范区，也是河北人最喜欢的景区之一。一个以农业为主打品牌的景区是靠什么吸引众多的游人前来呢？这恐怕要归功于集发独特的产业链了。

如今的集发观光园可不是一个单纯的农作物微型展区，而是融民俗展示、吃住娱乐、观赏采摘、动物表演于一体。这意味着，人们不光能够全面了解农作物的种植培育过程，还能亲自参与采摘，体验收获的乐趣。

⬆ 北戴河集发农业观光园

文化广场是综合活动区的亮点，天下粮仓象征丰年之好收成，双思展厅记载着集发的创业史。游人可骑马坐轿感受古人之乐，再到书画院挥毫泼墨，以文会友，亦是人生乐事。

来到民俗大院，仿佛走进了时空隧道，让人时时有穿越之感。各色传统民俗用具近在眼前，可以亲身参与，体验劳动的乐趣。品尝石磨豆腐、大锅漏粉、烧锅酒等土特产；逢初一、十五，到庙会凑一凑热闹，看寺庙香火缭绕，素手虔诚敬香祈福，于纷扰中感受难得的清静。

绿色饭庄，绝对让你大饱眼福，因为这里可以容纳1200多人同时用餐。如此大的阵势，恐怕一生中也难见几回。上百种农家饭菜摆在眼前，大快朵颐，酒足饭饱。这里的大宅院还将花草"请"进门，室内即可观赏到南北花卉果木。室外冰天雪地时，室内却是春意盎然，在桃花树下喝酒品茗。晚来天欲雪，与三五好友秉烛夜饮，岂不美哉？

东海滩浴场

既是滨海度假疗养胜地，自然少不了浴场。从旅游码头到碧螺塔公园之间的这段浴场，是北戴河最好的海滨浴场，不仅风景秀丽，且海水质量好。漫步沙滩，可以看到难得一见的贝壳沙零星散落在海滩上。西式的小洋楼、建筑风格各异的疗养院皆分布于此。盛夏七月，到此冲浪、游泳，是消夏避暑的良方。

⬆ 北戴河浴场

观鸟胜地

北戴河有50多万亩湿地、近10万亩森林，而戴河、恒河以及滦河等又在入海处形成大面积河滩、潟湖以及滞缓的河道，适合鸟类生存。每逢春秋，候鸟迁徙的季节来临，只见丹顶鹤、白鹤成群结队在空中盘旋而过，且飞且鸣，声势震天，成为一大奇观。鸽子窝一带的大湖坪、滩涂更是布满了密集的鸟群，随处可见鸟儿觅食，怡然自得。因此，北戴河景区被誉为观鸟胜地。

↑ 观鸟胜地北戴河

⬇ 观鸟胜地北戴河

振翅欲飞——仙人岛

物华天宝，人杰地灵，渤海岸边自古以来便流传着许多美丽的传说，山海相拥之地总少不了仙人在此调素琴、阅金经。在营口月牙湾南部，有一处伸向海中的半岛——仙人岛，相传为八仙过海停留之地。仙人岛形似一只山兔伏卧远山碧海间，故此地又名兔儿岛。

仙人岛之特色，可用六个词来概括：海、林、岛、沙滩、建筑、人文。海防林、海水浴场使碧海、丛林相互呼应，风起浪涌，万顷海防林随风摇曳，松涛巨浪相和，如天然奏鸣曲。洁白的沙滩上，白色风车迎风而动，绝非简单的装点，而是仙人岛独具特色的风力发电项目正在运作。高耸的烽火台早已熄灭了烟火，但那一段难以磨灭的过往却深深地印刻在了逝去的烟波中，与钟楼相呼应，使现代建筑中透着古意。随着东北经济的崛起，作为重要的旅游目的地、沈大旅游带上的一颗明珠，伴随着后起力量的推动，仙人岛正向世人慢慢揭开其神秘面纱，一展姿容。

兔岛潮吼

熊岳八景之一的兔岛潮吼，是北方堪与钱塘江大潮相媲美的观潮胜景。既望之日，浩浩荡荡的潮水汹涌而来，只见西侧滩尾水头出现一条白线，侧耳倾听，轰隆隆的声音由远及近。初听似闷雷，继而潮头渐近，潮声大作，汹涌澎湃。放眼望去，如万条银色带鱼，在不远处跳跃翻腾、逐浪嬉戏。此时，潮声变作千军呐喊、战鼓齐鸣，南北潮流渐渐拉开距离，仿佛海上裂开了一道口子。潮水翻腾涌向岸边，被岩石阻退，转瞬间，又席卷而来，千姿百态的潮头令人目不暇接。偶有两股潮流会一齐聚拢，好似山崩地裂，摄人心魄。兔岛潮吼胜景如此壮观，吸引着众多游人前来观光。

↑ 仙人岛槐林

槐林飘香

仙人岛槐林是渤海湾主要的海防林之一，绿化面积达6000多亩，素有天然氧吧之称。

五月槐花盛开，宛如瑞雪布满大地，香气扑鼻，沁人心脾。此时，漫步槐林，偶尔还会遇到在林中安然踱步的野鸡、喜鹊、野兔等小精灵。走累了就在槐林中找一处温泉，洗去一身疲惫。临走时别忘了带上一些槐花蜜，那可是清香入口，回味无穷。

白沙湾——打造渤海第一湾

漫步在白沙湾岸边，海风迎面，神清气爽。葱郁的树木苍翠欲滴，光影在树林的缝隙间跳跃闪耀，像不知疲倦的精灵。远处是碧海蓝天，沙滩上空偶有白云点缀，让人流连忘返。

与海水浴场相呼应，白沙湾海防堤工程的兴建为这里设立了一道天然屏障，像是海防卫兵，忠诚地守卫着这片领地。它不仅能够防止海浪对岸线的侵蚀，而且也提升了滨海旅游区的环境景观档次，融亲海、近海、临海之特色于一身。而借助仙人岛区域港口的发展，白沙湾景区地位还将在今后的开发中得到提升。

戏水踏浪品海趣

仙人岛海水浴场海岸线总长约1000米，属于开放式海水浴场。这里沙软滩平，可以尽情戏水踏浪，赶海拾贝，沐浴着阳光，观风车舞动、金台夕照，听渔歌唱晚，体味海岛风情。每当夕阳西下，潮平岸阔，你可以骑马在宽阔的海滩上尽情驰骋，感受如在草原奔腾的乐趣。入夜，燃起篝火，围炉夜话，听渔家乐事，拍手歌唱，渔家生活之美，尽在此时。

白色风车，风能发电

"白色的风车，安静地转着，真实的感觉，梦境般遥远"，嗅着微咸的海风，听着抒情的旋律在耳边流淌，风车在眼前随风转动，是否圆了你一个如堂吉诃德般的骑士梦？

⬆ 白沙湾

⬆ 仙人岛渔船

仙人岛风车

不过，仙人岛上风车的存在可不仅仅是为了浪漫，更是为了利用风能发电。这里建有辽宁省规模最大的风力发电站。该电站于1998年动工，经过三个阶段的建设，目前运行有四种型号、五个厂家生产的47台风力发电机组，总装机容量为31660千瓦，年发电量约5700万千瓦时。

烽火连天，天然哨兵

烽火台又名烽堠、烽燧、墩台，是我国古代传递军事信息的建筑设施之一。在信息传递不发达的古代，战争时如"有寇来犯，昼燃烟，夜举火"。仙人岛烽火台始建于明永乐年间，台高约15米，底围长54米。营口地处沿海，明朝时期建有烽火台数十处，仙人岛烽火台就是其中保存较完好的一处，也是上世纪80年代刘晓庆主演的电影《大清炮队》的主要场景之一。它历经600年沧桑，饱经人间风雨变幻，是守卫祖国海疆永不疲惫的哨兵。在信息传递愈加快捷的时代，烽火台作为战事传递信号的功能已不复存在，但历经数百年风霜，依然高耸于此，与钟楼一道，构成了仙人岛别具一格的人文景观。

仙人岛烽火台

保护区与公园

万类霜天竞自由，自然赐予人类以美景、沃土，更有待一双善于发现美的眼睛去欣赏。百舸争流，百花吐艳，一派和谐之境需要你我共同守护。渤海灵秀，沿岸是诸多动植物栖息之沃土。芦花遍野时，双台河群鸟翔集，年度盛会在此召开；红树林立，造就陆上红海滩；怪石嶙峋，不啻天然地质博物馆。博大、精粹、奇特造就渤海生态之美，蔚蓝之海亦需绿色发展方可长久。

双台河口国家级自然保护区

悠悠双台，浩渺烟波；候鸟乐土，蔚为大观。

凌河环绕，奔腾入海；绿野苍茫，沃土千里。

东北地大物博，辽阔的湿地涵养着无数的珍稀动植物。秋来时，大片芦苇随风飘荡，蔚蓝天际下涌动着丰收的浪潮，置身其中，愈发觉得天地之无穷。

双台河口国家级自然保护区是一颗镶嵌在辽宁省盘锦市境内的熠熠发光的明珠。湿地犹如地球之肾，为万千生灵提供生命的源泉。保护区地处辽东湾双台子河入海口，淡水携带大量的营养物质与海水在融合的过程中形成了适宜多种生物繁衍的河口湿地。鸟类群集而至，呼朋引伴，择良木而栖，丹顶鹤、白鹤、黑鹤在此相会，群鸟喁啾，风光无限。

作为一处以保护濒危、珍稀水禽以及滨海沼泽湿地系统为主的野生动物类型的自然保护区，双台河口可谓得天独厚，占地面积12.8万公顷，南北长60千米，东西宽35千米，由芦苇沼泽、滩涂、浅海海

↑ 鸟类资源

域和河流、水库及水稻田六种湿地类型级成。动物在这样开阔的环境下生活，大概也会有流连忘返之心吧。

此外，流经此地的河流似乎也格外慷慨，辽河、浑河、太子河、饶阳河以及大凌河不约而同地在此处会合，将携带的大量营养物质注入地表，形成了大面积的淡水沼泽地。从河口东部到大凌河西部，生长着大片芦苇。沼泽水深20～30厘米，pH值在7.9左右，鱼虾皆在此处安家。天公作美，温带半湿润季风气候给这里带来大量的降水，风调雨顺，处处可见香蒲、水烛等植物。

芦苇成熟季节，如果你有幸路过双台河口，只见此处犹如一片银白的世界，水面笼罩着一层薄薄的雾。风吹过来，带着新鲜的花香，人如置身云端，仿佛伸手一抓，便是大把的云彩。

盘锦湿地

盘锦位于辽河三角洲的中心，湿地资源丰富，种类繁多，被称为湿地之都。湿地总面积为31.5万公顷，占全省湿地面积的67%，而以芦苇沼泽、浅海海域和滩涂湿地为主的天然湿地面积更是达到15.9万公顷，涵养着众多珍稀的动植物种。湿地犹如地球的一面镜子，对湿地的保护也日益受到重视。

红海滩

"大腕"鸟类之乡

双台河口自然保护区内大面积的芦苇沼泽湿地和丰富的生物资源，颇受鸟类青睐。它们纷纷将长途迁徙的落脚地选择在此。还有的鸟儿干脆在此筑巢，经年累月常驻，世代繁衍，足见湿地的魅力。

能吸引这么多珍稀的鸟类前来可不是易事，就连国家重点保护鸟类丹顶鹤、黑鹤、白鹤等鸟类"大腕"也只认准这里。每年经此迁飞、停歇鸟儿成千上万。这里既是丹顶鹤最南端的繁殖区，也是丹顶鹤最北端的越冬区，还是世界濒危鸟类黑嘴鸥的繁殖地。

双台河口广袤的土地除了为鸟类提供了适宜的生存环境之外，其重要的生态地理地位、迷人的风光，也吸引着众多的科研工作者与游客前来。它犹如一座蕴藏丰富的宝库，越深入其中，越会被其内涵所震撼。

丰富的生物资源

保护区丰富的植被除了具有净化水质、降解污染物的作用外，还有很强的蓄洪功能，是陆地水入海前的天然蓄洪水库。大量的营养物质和悬浮物在此沉积，这里既是营养供应地，又是营养物质的储积仓库，蕴藏着丰富的渔业资源。早春二月，冰凌开始融化，冰面上会出现一群笨拙地扭动着身体的小斑海豹。它们拖家带口，从东面的太平洋长途跋涉而来，只为了在这个"人间天堂"尽情地度一次长假。

⬆ 丰富的鸟类资源

陆上之海——红海滩

大多数人只见过金色的海滩，却没有见过红海滩。到了双台河口，可谓大开眼界。不过这里的海滩却不是由沙子组成的，而是由一种名叫刺碱蓬的植物聚集而成。

刺碱蓬生长在双台子河入海口两侧的滩涂上，每年四五月份开始长出地面，起初为绿色，慢慢变红，到了九月份便形成浓烈的红，蔓延整个海滩。这种壮观的红海滩奇观也只有在我国盘锦沿海滩涂处才能见到。其他地区虽然也有这种刺碱蓬生长，但却不能如这里的一样变色。红海滩一带还栖息着数十种国家珍稀保护动物。盘锦的滩涂毗邻成片，足有9万亩。大潮覆盖时刺碱蓬仍笔直而立，好像天边落下的红霞在燃烧，海上仿佛铺上了一层厚厚的红地毯。

绿色生态园——鑫安源

丰富的旅游资源与当地的农业资源相结合，便有了鑫安源这一现代农业的产物。这个农业生态园集生态旅游、观光农业、无公害水产品养殖以及深加工于一身，紧紧抓住了盘锦市生态立市的契机，打造出别具一格的乡村乐园。2003年，鑫安源生态园一落成，就吸引了众多市民来此参观，品尝农家宴，体味农家乐。

⬆ 鑫安源度假村

柳江盆地地质公园景区

柳江盆地地质遗迹国家级自然保护区

燕山的风从远古吹来，抚慰着脚下这片土地，240平方千米的盆地荟萃了数十亿年的地质奇观。裸露在地表的岩石，像是饱经沧桑的老人，额前布满岁月留下的沟壑，风刀霜剑，成为整个华北景致的缩影。地球上三大岩类似乎都青睐此处，出露齐全。各色岩石仿佛都要来这里一展拳脚，内外动力合力塑造出千姿百态的地貌奇观。石钟乳在千万年的溶洞中悬空倒挂，有人经过，能听到滴答滴答的声响。海风与陆地一番痴缠，玉手练就世相万千，海浪拍打着礁石，上演着一幕幕传奇。

在东经119°30′~119°40′，北纬40°00′~40°10′之间，秦皇岛那一方小小盆地，如镜湖，映照造化之神秀；又如华北之眼，纵世事变幻无常，它自岿然不动，看沧海成桑田。

地质教育第二课堂

千里马终于等来了它的伯乐，养在深闺人未识也许只是时机不到。柳江盆地内新太古代—新生代地层"五代同堂"，岩石种类齐全，且从古至今的地质剖面皆聚集于此，历经岁月的沉淀与洗礼，滴水穿石，琥珀中孕育着天然化石，镌刻着一段段逝去的时光。来到这里，你将惊异于自然之奇妙、造化之神秀；你也将在观赏层叠的剖面所映射千姿万象中感叹曾经走过的艰难历程。各种内外力地质作用形成的具有较高观赏价值的竹叶灰岩、藻灰岩以及千姿百态的岩溶地貌景观均为本区珍贵的地质遗迹资源。进入20世纪70年代，相关地质院校和地学科研单位纷至沓来，在此设立研究基地。至此，这方尚未开垦的处女地逐渐成为"地质教育第二课堂"。

↑ 地质教育第二课堂

↑ 柳江岩石

奇中寻美

柳江盆地之奇妙，远非岩石种类之丰富可概括。它是历经构造多变的向斜盆地。其实所谓向斜构造，并没有你所想象的那般神秘。正如一根钢管在外力的挤压下会发生变形一样，这看似岿然不动的大地，如果遇到强大的外力也会发生局部变形，部分凸起，部分下陷，通常下陷的部分我们便称为向斜构造。蓟县—山海关隆起区的边缘部分逐渐发育，晚元古代青白口纪地壳下沉，接受沉积。因此，它是晚元古代清白口纪古生代、中生代地层所组成的向斜构造盆地。这样悠久的历史，足以让柳江盆地在"盆地界"出类拔萃。

"不识庐山真面目，只缘身在此山中。"苏轼在畅游庐山时，曾有此感慨。如今置身柳江盆地，眼前怪石嶙峋，也难免会使人有乱花迷人眼的错觉。其实，只要用心观察自然之斧所锻造的天然展厅，亦会有新的发现。那一方方形状各异的奇石，或如众星拱月，或如迎风而立的仙人，松涛海浪，托起滚滚红尘，白云出岫本无心，却是人间真滋味。

诡谲之构造

要形成这样奇特的地质构造，可非朝夕之功。九层之台，积于垒土，千里之行，始于足下。从黄发小儿到如今耄耋老人，柳江盆地的一生跨越无数个世纪，从远古走来，春潮增添了它的色彩，一袭华美的袍子上点缀的都是岁月的流光。

柳江盆地在长期风化侵蚀的古老变质岩系上开始接受沉积。至古生代，已沉积了厚度较大的地层。与在华北大地上生活的其他"兄弟姐妹"一样，在这一时期内它们都经历了人生的"风波"——长短不等的上升侵蚀期。无论是清白口纪还是下寒武世，中奥陶世抑或中石炭世，都曾发生过沉积间断。"坚强"的柳江盆地经过海、陆地变迁的洗礼，变得愈发沉稳与坚韧。

⬆ 侵入岩（中间部分）

⬆ 岩浆岩

　　然而，来自大自然的考验从未停止。自中生代初期起，一个个难题接踵而至。褶皱、断裂等一系列难题摆在柳江盆地眼前，披荆斩棘，浴火重生，必将淬炼得更加强健。多次构造变动之后，大地发生了翻天覆地的变化，初具雏形的柳江盆地渐显锋芒。

　　淬火般的历练还在继续，在下侏罗统下部岩层沉积后，又一次构造变动发生了。这次变动的后果是使下侏罗统下部岩层发生变形，改变了盆地沉积中心。此时的柳江向斜已呈现不对称形态，西翼陡峭，东翼开阔。中侏罗世，柳江盆地再次发生强烈构造变动。连续猛烈的火山喷发像要置柳江盆地于绝境，沧海横流，绝处逢生者方显英雄本色。白垩纪燕山晚期的温泉堡花岗岩基侵入形成巨大的挤压力，使不对称的柳江向斜形态进一步发育。风平浪静的日子没有持续多久，新生代特别是第四纪以来，这里的地壳又"蠢蠢欲动"，发生明显的上升运动，全区遭受剥蚀，山区河谷有阶梯地形成。进入全新世，冰后期连续的海侵，又在沿海地区形成了一些海积和海蚀地形形态。经历了诸多的考验，才有了我们今天所看到的柳江盆地。

天然地质"博物馆"

如今的柳江盆地迎来了春天，成为国内首屈一指的天然地质"博物馆"。地质公园内丰富的古生物化石、地层遗迹、岩溶地貌和花岗岩地质地貌令参观者叹为观止，感叹大自然之鬼斧神工。不同规模的褶皱、不同级别的断裂以及揉皱、牵引、裂隙、岩脉充填等宏观、微观构造发育，形迹清晰。在这里，可见由岩溶作用形成的象鼻山、溶洞、天井，岩溶滴水，苍松点翠。离堆山、跌水、河流在眼前经过，流入亘古，归于大荒。国家地质公园内荟萃了众多的内生、外生矿床，大多因规模小而不宜开采，却适于科普教学，其成因分析具有重要的地学意义。第四系洞穴堆积，可以使人们了解史前生物群落、生境及生物演化。这里是重要的科研、科普基地。

观奇石美景，叹造化之神奇；探洞中千秋，寻进化之轨迹。舟行于绝壁之下，轻叩岩壁，清风徐来，水波不兴，苏子当年寻赤壁之雅兴，如今亦可在柳江寻得。山间之明月，江上之清风，造物之慷慨，皆为我所有。此时，只有纵情高歌，方能释放胸中之豪气！

🌀 奇特的地质构造

昌黎黄金海岸国家级自然保护区

潮平岸阔，漫步沙堤，看漫山红遍，层林尽染。

潟湖浪涌，黄金海岸，塑绝世沙雕，激水中流。

大蒲河与滦河穿越千里沃野，环抱着一方净土，在华北平原上如一条黄金缎带。流经处，翡翠金光，在人杰地灵的昌黎形成了一片风环海绕的国家级自然保护区。

从大蒲河到七里海新开口这一段长达12千米的区域，浓缩了整个黄金海岸的精华。这里不仅有海岸奇观，而且地貌多样，既有滩宽、坡缓、岸直的沙质海滩，又有漫长古老的沿岸沙堤。

碧海金滩

昌黎海岸之美，美在金色海滩。这里的海滩主要由石英石与长石组成，沙层厚，颗粒细，分布均匀且不含泥，质地优良。低潮滩之外，在水深5~8米范围，还分布着几道由细沙与贝壳碎屑组成的水下沙堤。这些沙堤不仅美观，还具有不可忽视的消能作用，因为它们位于波浪破碎带附近，能够使内侧的浅水区保持相对稳定的水域环境。与此同时，水下沙堤还为海滩提供了充足的沙源。以上种种因素，最终助力黄金海岸成为发展海水浴最理想的场所。

⬆ 美丽的沙滩

贝壳沙堤

戏水玩沙，你能想到的最浪漫的事，或许就是在夕阳西下之时，携起爱人的手，漫步长堤。在平均高潮线以上，至大沙丘链之间，宽200~300米的过渡带上，分布有新老二道沿岸沙堤。新沙堤在外，保存连续完整，堤高1~2米，宽20~40米；老沙堤组成物质类似，均为中细沙，含海生贝壳碎屑。因它是激浪冲流将水下沉积物搬运至高潮线附近的堆积体，故是古海岸线的有力佐证。

七里海潟湖

你可能要疑惑，七里怎能成海？的确，七里海乍一看似乎有些名不副实，因为这里不是一片汪洋，而是一方滩涂。以海命名，恐怕也是寄托了当地人的某种愿望。七里海成因并不算复杂，它由滦河冲积扇—饮马河冲积扇前缘与海岸大沙丘之间的低洼湿地组成，也被称为溟海或者七里滩。翻阅明清县志，可看到其中关于七里海演化过程的多次记载：当海岸大沙丘南北相连，七里海与渤海逐渐分开，滦河、饮马河支流河水汇入，原本盐分较高的海水逐渐被冲淡，成为淡水湖泊，开始繁殖鱼、蟹以及菱角等动植物；遇到风暴潮或滦河特大洪水袭击，沙丘便被冲开新口，将七里海与渤海连通，它又会变成咸水潟湖，成为打鱼船队的避风港。

七里海

　　大自然的演化往往会超出人们的想象，别看如今的七里海不起眼，但古时它的水域面积可比现在要大得多。它的"瘦身"除了自然因素作用之外，人类的干扰也是不容忽视的原因。尤其是由于不合理的人工开发，七里海水域面积不断萎缩，成为浅滩，基本上接近沼泽。渤海的潮汐也在某种程度上推动着它的改变。涨潮时大量海水淹没潟湖，而退潮后，湖底甚至会有大部分出露。作为有名的渔港、出海航道，七里海是黄金海岸不可缺少的一部分。如果不加保护，那么若干年后，七里海或许只能存留在一代人的记忆之中。

　　黄金海岸细腻柔软的沙滩吸引了众多的游人慕名前来，但恰恰这种构造的沙滩极为松散。千年风吹日晒，这里逐渐形成了一望无际的海岸大沙丘以及低湿潟湖。20世纪50年代，为了更好地保护土地，防止沙丘向内地扩散，这里采用了植树造林的方式进行改造。6万多亩人工林带拔地而起，像守卫边防的哨兵，其中仅密林面积便接近2万亩。由于沙质海岸有机质含量少，渗漏严重，导致这里的树木生长速度缓慢，但长远来看，植树造林对防风固沙、改善生态环境的效用仍不可小觑。

↑ 沙雕大世界

沙雕大世界

　　昌黎除了有秀美的滨海风光，还有著名的海岸沙雕。著名的沙雕胜地——金沙湾沙雕大世界就在昌黎黄金海岸南2千米处，位于昌黎国际滑沙娱乐中心与翡翠岛之间。它利用2000多年的海潮、季风作用形成的40多米高的岸边沙丘，雕刻了包括37米高的沙雕大佛在内的20多座精美的沙雕艺术作品。在这里，人们除了欣赏沙雕作品之外，还可以亲自参与雕刻，感受艺术创作的乐趣。

黄金海岸滑沙活动中心

　　滑雪、滑冰甚至滑草都已不再新奇，昌黎黄金海岸还开创了滑沙运动。在海潮与季风的联合作用之下，这里形成了40多米高的世界罕见大沙丘。金黄的沙丘，如一轮新月，在阳光下起伏有序，高低相间，线条流畅；又像一道道造型优美的彩虹，横亘于天地之间，形成独特的海洋沙漠风光。走过座座沙丘，滑沙活动中心逐渐进入视线，就是在这里滑沙运动首次出现。坐在滑板上，从沙山顶飞驰而下，瞬间又止住前进的步伐。滑沙运动保护措施十分周全，人们可放心体验运动的快感与刺激，尽情享受滑沙的乐趣。

山东黄河三角洲国家级自然保护区

渤海之滨，群鸟翔集，明珠托起蓝天。

百川入海，黄河浪涛，化作千里烟波。

悠悠母亲河从雪山奔流而来，在渤海之滨放慢脚步，将跨越5400余千米所运送的大量泥沙输入大海，每年形成大片陆地。这里有充足的水源、丰富的植被，海、淡水在黄河入海口处交汇，离子作用使泥沙絮凝沉降，从而形成了宽阔的湿地。湿地营养物质丰富，土壤中有极高的含氮量与充足的有机质，因此浮游生物众多，且适宜鸟类聚集。同时，这里植物种类繁多。这片保护区，其主要价值正在于此。

一方水土养一方人，也哺育着一方生灵，先来说说植物。小小的一块三角洲繁衍着393种植物，其中单是浮游植物就有4门，116种。蕨类植物、裸子植物以及被子植物更是随处可见。成片暖温带落叶阔叶林区域将这里装点得绿意盎然，生机勃勃。保护区内植被密集，覆盖率达53.7%，是我国沿海最大的海滩植被群落。在相关部门的规划下，生态系统也日趋稳定。

暮春三月，莺飞草长，焕发着生机的新苗破土而出。一年之计在于春，沉睡了一冬的小动物此时也探出了头，揉揉惺忪的睡眼，开始了新一年的生活。在三角洲湿地

美丽的黄河三角洲

湿地

湿地是地球之肾，既是不可替代的，也是极其脆弱的。一方面，它是水生生态系统向陆地生态系统的过渡阶段，起着调节水分循环和维持湿地的动植物资源的作用，还是水禽的栖息地与候鸟的繁殖地。另一方面，其脆弱性决定了一旦遭受破坏，极难复原。因此，加强对湿地资源的保护与治理，掌握其发展演进规律，更好地利用湿地资源，实现可持续发展，显得至关重要。

内，最常见到的"土著"就是那些在水边安然踱步、三五成群梳理着羽毛的鸟儿，或是在沙滩上晒太阳，或是贴着水面低飞，迅疾钻入水中，不知又有哪些不走运的小鱼虾落入它们口中。这片临海区域，栖息着1000多种野生动物。寂寞无处栖身，因为随处都是莺歌燕舞，欢腾热闹。

　　青山秀水，草长莺飞。走进此处，犹如踏入原始地带。河口、湿地、草地以及海滩景观的野、奇、特、新，给人留下极深的印象。这里，天鹅引颈高歌，白鹤闲庭漫步，好一幅美丽的鸟类天地图。而古齐国悠久的历史与纯朴的民风又增加了此地的人文底蕴。有了这些资源，发展旅游业可谓得天独厚。在保护好生态系统的前提下，当地也不失时机地推广旅游开发，加上依托东营的石油资源，人们的生活水平不断提升。

↑ 鸟的天堂

↑ 用来改良盐碱地的速生杨林

万亩盐碱变良田

　　黄河三角洲虽有丰富的动植物资源以及珍稀的湿地系统，但凡事都有利弊。正如前面所说，湿地是地球之肾，重要却也脆弱，因此对湿地的保护一刻也不能疏忽。与此同时，摆在人们面前的还有一个难题，就是盐碱地的治理。保护区内的隐性潮土约占总面积的40%，pH值为7.5～7.8，所以很容易发生大面积的盐渍化。再加上20世纪中叶的盲目开发，导致大片土地盐碱化，给生态环境与工农业生产都造成了巨大的损失。进入新时期，政府逐步开展对盐碱地的研究，并对各类资源进行整合与改良，在掌握该湿地生态系统演化规律的基础上，大力发展"经济林种植—林下种养殖—池塘淡水养殖"的农业发展新模式，收到了良好的效果。

滨州贝壳堤岛与湿地国家级自然保护区

在滨州无棣，有两条贝壳长堤，全由天然贝壳组成，延伸至海中，厚度达3~5米。跨越数千载风霜而来，只为与你相遇。

在目前发现的世界三大古贝壳长堤之中，无棣贝壳堤无论是在纯度、规模还是保存的完整性上都是首屈一指。无论是深埋地下的，还是裸露于地表的，贝壳质含量都几乎达到100%。与之相比，另外两条贝壳堤——美国圣路易斯安那州长堤和南美苏里南贝壳堤则要逊色许多，其贝壳含量仅为30%左右。无棣贝壳堤并非一成不变，随着海水潮汐作用还在不断成长，每年增加10万吨以上，大有形成第三条贝壳堤的潜力。

Chenier海岸

无棣贝壳滩脊海岸，即Chenier海岸，规模宏大。在两列贝壳堤岛之间的湿地和向海的潮间及潮下湿地，组成了世界上少见的贝壳堤岛与湿地系统。贝壳堤四周的滨海湿地生物多样性极为丰富，东北亚内陆和环西太平洋迁徙的鸟类都将这里作为迁徙中转站和繁衍地。这为研究黄河变迁、海岸线变化、贝壳堤岛的形成提供了天然的范本，而丰富的物种也为研究海洋地质、探究生物多样性和湿地类型提供了条件。

千载成堤

千淘万漉虽辛苦，吹尽黄沙始到金。贝壳成堤，需要几千年的积累才能成就。要形成如无棣贝壳堤这样大的规模，更是要天时、地利、人和，缺一不可。因为贝壳滩脊海岸的形成

保护区内的鸟类

需具备三个条件，即粉沙淤泥岸、相对海水侵蚀背景和丰富的贝壳物源。淤泥质泥岸的形成还要归功于我们的母亲河。历史上，黄河以善淤、善决、善徙著称，世人只知其害，却不知其利。正是因为黄河携带大量细粒黄土物质，长时期周而复始地在渤海湾西岸、南岸迁徙，才塑造了世界上规模最大的淤泥质海岸。后来黄河改道，河口迁徙到别处，入海泥沙量减少，海岸不再淤积增长，海水变得清澈，种类繁多的海洋软体动物得以繁衍生息，提供了充足的贝壳物源。最重要的是由于海浪潮汐运动以侵蚀为主，将贝壳搬移到海岸堆积，随着贝壳的逐年累积，也就形成了独特的贝壳滩脊海岸。一旦黄河改道回迁，贝壳堤即因海水较淡而浑浊的淤泥岸不利于贝壳生长而终止。在贝壳堤外，泥沙淤积成陆，海岸线又向前伸，贝壳堤则远离海岸，或遗弃于陆上，或没于地下。因此，由于黄河的来回迁徙，海岸线走走停停，淤泥与贝壳堤交互更替，在渤海湾西岸、南岸形成了多条平行于海岸线的贝壳堤。

新贝壳堤岛

近年，无棣县海洋渔业局工作人员在汪子岛—马颊河一线日常巡护时发现，一座新形成的贝壳堤岛宛如一弯新月横亘于海滩之上，极其壮观。新形成的贝壳堤岛位于汪子岛以东、北沙子岛以西，长约600米，均宽50米，均高0.5米，贝壳沙含量达到100%。

贝壳

旺子岛

昔日徐福带领三千童男童女东渡，涉海求仙，然入海未归，令人唏嘘。自古以来，关于海的神话、传说，总离不开兴风作浪的海怪索人性命。大抵因海之浩瀚、苍茫，愈发增添了神秘，让人倍感自身之渺小。但到了贝壳堤，却只觉神清气爽，心下宁静。辽阔、静谧的自然风光顿时洗却阴霾，40余个贝壳堤岛静静地分布在这方碧海之上。其中最大的一座贝壳堤岛，也即滨州境内惟一能看到大海全貌的地方，就是被称为海上仙境的旺子岛。当年，徐福率童男童女入海求仙，日久不回。那些孩子的父母思念孩子，奔波到此，眺望大海，盼子回家，此地故名望子岛，也称旺子岛。

🔵 旺子岛风光

🔵 酸枣

天然生物博物馆

保护区群星璀璨，贝壳堤风头正劲，而喜好热闹的生灵们也不甘寂寞，纷纷来到此处，大有"欲与天公试比高"的壮志雄心。459种野生珍稀动物聚集在此，使其成为一个典型的天然生物博物馆。文蛤、四角蛤、扁玉螺等贝类和鱼、虾、蟹、海豹等海洋动物50余种在海水中或海滩上缓缓活动，和人们捉着迷藏；落叶盐生灌丛、盐生草甸、浅水沼泽湿地植被等各种植物共350种，将这里点缀得烂漫多姿。这里不乏珍贵的药材，比如酸枣、麻黄、黄芪、五加皮等特产。湿地里还有豹猫、狐狸等野生动物以及东方铃蛙、黑眉锦蛇等两栖爬行动物，自有一番热闹。

 曹妃湖

黄金宝地——曹妃甸湿地公园

　　湿地是大自然赋予人间的天然胜境，也是鸟类繁衍的乐园。水草在湖中摇曳生姿，群鸟穿梭其间，自在欢畅。在渤海湾临河北境内，有一处湿地，如镜湖映照人间水月，守护着这方热土，滋润着一方生灵。绿意葱葱，溯游而上，曹妃湖如处子般文静，粼粼波光，呈现一派和谐。依托湿地资源开发建设的，是融合了传统太极八卦元素，对现有鱼塘、芦苇进行整合的迷宫水道。乘船穿行其间，可体验湿地游赏的乐趣。登塔远眺，一览道路纵横风光。

　　位于河北省唐山市曹妃甸区的曹妃甸湿地公园，是具有国际意义的北方最大的滨海湿地。公园内树木葱茏，林间鸟语相闻，是不可多得的人间胜地。

曹妃倩影，湿地风光

　　曹妃湖不仅可以满足人们乘船观光游览的需要，还是曹妃甸湿地的重要组成部分，能够供给周边农田及工业区生产用水。

　　湖中三座小岛是天然的鸟巢。沿着环湖公路骑车，呼吸着新鲜空气，饱览湖畔美景，身心为之畅快。

曹妃湖传说

　　关于曹妃湖，有一个动人的传说。相传645年，唐太宗李世民率领大军远征高丽，沿海途经此地，因气候潮湿、水土不服，随军将士患了皮肤疾病，亟须救治。有一名叫曹娴的渔家女子带领将士用温泉水沐浴后痊愈。李世民大为高兴，见其冰雪聪明、天生丽质，龙心大悦，遂册封其为妃子，这片水域也因此得名曹妃湖。

↑ 湿地风情

↑ 鸟的天堂

"八卦"迷宫，夺人眼球

湿地迷宫充分利用传统的太极八卦阵势组成，若是对奇门遁甲之术不甚了解，置身其中，恐怕便有"乱花渐欲迷人眼"之感。周边有四个安全观测塔，人们可以登塔饱览湿地风光。

万鸟翔集，鹤舞鸥鸣

良禽择木而栖，群鸟择邻而居。曹妃甸湿地内有野生植物238种、鸟类307种，其中不乏国家一级保护鸟类丹顶鹤、白鹤、黑鹤等。每到迁徙季节，湿地便呈现出"万鸟翔集，鹤舞鸥鸣"的壮丽奇观，成为观鸟爱好者神往的天堂。

异域古堡，风情无限

置身湿地风情园，犹如进入西欧古堡，各色欧式建筑令人目不暇接。现代化的娱乐设施，让你可在观赏的同时充分感受休闲的乐趣。除了可观赏异国风情建筑外，还可欣赏民族歌舞，品尝异域美食，让你的味蕾不觉疲惫。

湿地迷宫

首山风光

秀绝关东——兴城首山国家森林公园

"天开云雾东南碧，日射波涛上下红"， 美丽的兴城山水相依，宛如一座天然的百花园，而首山则独占鳌头，在兴城八景中，名列首位。首山公园傲然屹立于兴城大地上，像是一位风姿绰约的少女，烟雾缭绕，若隐若现。"三首云冠"、"三首悬流"、"朝霞赏春"，赏首山美景，需择高处而立。穿青松，步石岩，登墩台，看日出，观沧海，首山美景尽显。

巍峨险峻，必争之地

位于兴城市东北2.5千米处的首山，海拔329.7米，总面积达800公顷。其中，森林面积占一半以上，草木繁茂，山谷幽深，巍峨险峻。首山因山势险要，怪石嶙峋，形似人首而得名。远眺首山，可见顶上三峰屹立，恰似一个硕大的"山"字，故又俗称三首山。

它屹立在古城东北角，犹如守城战士，目视前方，英勇无畏。因其独特的地理位置，历来为兵家必争之地，欲守古城，必扼首山。明末清初著名的宁锦大捷，其主要战场也是首山。

⬆ 首山之春

⬆ 首山烽火台

　　至今，还能在首山看到古代存留的烽火台，高7米，直径13米，全用条石和青砖砌成。站在烽火台处，朝西北方向望去，朝阳寺院正掩映在奇松怪石丛中，半隐半现。

松抛山面，云峰青插

　　俊美多姿的首山，如蒙着面纱的少女，不轻易以真面目示人。每当雾霭缭绕山巅，云雾漫漫似白纱飘飘，轻轻覆盖于首山之上，这位娇羞的少女悄悄掀起半面薄纱，好奇地打量着这个世界，见四周寂静无人，才敢纵情舞动。逸兴阁、望海亭、半斜亭、喷泉、望海塔，亭台楼阁与山门甬道、奇松、怪石交相辉映，分布有致。松林如涛，观沧海，看日出；登上峰顶，见怪石嶙峋，青松点翠，于绿丛之中，于青峰之上。

首山传说

　　首山的兴起源于一个英雄传说。古时，此处为一片平地，有一方海眼直通渤海，渤海龙王和他的手下经常来此兴风作浪，当地人饱受其苦，却无计可施。直到有一天，一法号纯阳真人的老道云游至此，自称可以消灾避祸。大家于是请他想办法堵住海眼。老道捻须沉吟片刻，说："海眼太深，即使百座大山也填不满，唯一的办法是用一个病人的身子将洞口堵住，龙王和手下受不了病人身上的气味便不会再来，然后再用土在病人头上堆起一座大山，海眼便永远也打不开了。"

　　办法是有了，可到哪去找这样一个愿意牺牲自己的病人呢？正当大家一筹莫展的时候，一位名叫金梁的残疾青年自告奋勇前去堵海眼，待家人发现时，他已变成一个金人。

　　金梁舍身拯救百姓的事情流传开之后，当地人为了纪念他，为他填土造坟，逐渐形成了今天的首山。当山里的泉水流过金梁的胸前时，感受到心脏的温度，便形成了今日的温泉。

霓彩渤海

NEON-LIGHTED
BOHAI SEA

03

　　山海相依，霓虹闪烁；华灯初上，流光溢彩。这是别样的渤海，在渐次亮起的灯光中撑起远航的风帆。港口将渤海与世界的距离拉近，贸易在条条洁白的航线上奏响国际化的号角，和着岸边城市崛起的鼓点，上演着幕幕传奇。城港联动，自然与人文相呼应，以青山秀水彰显天然之美，用现代高效书写辉煌篇章。

城 市

　　渤海岸边，矗立着一座座各具特色的新城，与有着深厚历史积淀的老城一道，见证着这片海域的成长。它们或为海上门户，沟通世界，架起经济之桥；或为港口，辐射四方，依托经济腹地，厚积而薄发；另有古韵悠扬，新歌迭起，交相呼应，奏出和谐的二重唱，高楼大厦，萌发生机盎然，起承转合中，打造渤海现代之美。

关外上海——营口

　　"营口海潮壮，请让世界听。"营口地处渤海之滨，辽东湾畔，我国八大水系之一的辽河从这里奔流入海，是我国大陆上唯一一个可观夕阳坠海的地级城市。作为东北第一个对外开埠的口岸，它见证了我国近代工业的兴衰、转型，是民族金融业的起兴之地，并曾是东北的经济、金融、贸易、航运和宗教文化传播中心及各种物资的集散地，被誉为东方贸易总汇和关外上海。如今，古老的营口焕发着新的生机，在新时代、新机遇面前，实现着华丽转身，已成为东北最近的出海通道，是环渤海经济圈最具发展竞争力的现代化港口城市之一。

　　在地图上寻找营口的身影，可见它正处于辽东半岛的中枢位置，辽河入海口，依河傍海，且具有广阔的腹地。春华秋实，夏雨冬雪，气候宜人，山、海、林、泉、寺交相辉映，

营口海滨

风景优美。营口历史悠久，金牛山猿人遗址的发掘，使一段隐没的历史渐渐浮出地表：早在28万年前的旧石器时代，人类的祖先就开始在这块土地上生息繁衍。

营口景色秀丽，浑然天成。矿藏丰富，物产繁多。它不仅有中国镁都之誉，还素以盛产优质水果、水稻、水产等享誉海内外，是著名的"三水"城市。

营口拥有众多的头衔——乐器之城、菱镁之都、汽保之都……无不显示着这座港口城市迅速发展的势头。以港口起家，素有关外上海之称，这是营口的优势，但在如今城市功能愈加完善的形势下，如何保持自身优势，同时寻求更好的发展思路，快速实现转型，已成为营口发展的关键所在。

↑ 营口夜景

旧时"没沟"，今朝新港

古营口地区早先荒无人烟，尚未开垦。1688年，巴尔虎蒙古人来到营口一带游牧，他们筑窝棚为居室，窝棚相连，犹如军营。巴尔虎人离去之后，清政府下令开垦辽东，并从关内移民到此。为了过上好日子，山东、直隶一带的农民、渔民纷纷选择闯关东北上淘金，在这片蛮荒之地安家落户。他们最初在辽河南岸搭建简单的窝棚和茅草房栖身，远远看去就像一排排营房，所以此地得名营子。此地位于辽河入海口处，相传为退海之地，已有600多年历史。在由海洋演变为陆地的过程中，留下多条潮沟，遇到涨潮时，河水便把潮沟淹没，是为"没沟"，这便是没沟营名称的由来。

↑ 营口辽河特大桥

1858年，见证近代中国屈辱的中英《天津条约》签订，"增设牛庄、登州、台湾、潮州、琼州开埠为通商口岸"。1861年4月，英国派驻中国牛庄领事馆的首任领事密迪乐看到牛庄海口水浅，大

↑ 营口西炮台遗址

船难以进出，根本不能作为口岸开埠通商，产生退意。就在灰心丧气之时，英国人发现了牛庄辖管的没沟营。没沟营不仅水深河阔，又有距海口近、码头紧靠城镇的优势。如能在此开埠通商，更胜牛庄。密迪乐找到牛庄的官员，提出改牛庄为没沟营的要求，并将实地调查和变更地点的情况写信向英国政府报告。清政府被迫同意了密迪乐变更开埠的要求。就这样，米字旗飘升，没沟营代替牛庄开埠了。1866年以后，清政府官文将"没沟营口岸"简称为"营口"。营口自此得名。

东北海道，关外良港

居高声自远，非是藉秋风。营口所借助的是自身极佳的区位优势。东北港口不多，营口的背后是东北广大的经济腹地，辽沈经济带为其提供了强大的物力支撑。它亦不负众望，尽忠职守，行使着自己的港口职权。东北亚与京津物资在此汇通，营口港是东北腹地较近的出海通道之一，也是沿海综合型大港。码头上工人来来往往，挥汗如雨，在辛勤的劳作中，推进着港口的建设。集装箱一字排开，等待乘上巨轮，驶向远方，送至世界各个角落。钢材、矿石、粮食、杂货等分门别类，在明确的分工中体现着现代化港口的专业与高效。

几百年前的荒凉与如今的繁华凸显着鲜明对比。历史的巨轮匆匆驶过，在深浅不一的轨迹中，营口发生了翻天覆地的变化。昔日满目疮痍，今日满眼生机。如今的营口到处充满活力，以开放城市的雄姿站在世人面前。昔日的渔村如今已是国家级经济技术开发区，长街短

🔻营口港

 营口温泉度假村　　⬆ 思拉堡温泉小镇

巷化作宽阔的马路，向四方延伸；泥泞窄道化为园林长街，鲜花装点，别具风姿。砖坯瓦房已难寻踪影，取而代之的则是鳞次栉比的高楼大厦。美丽的营口港，伴随着汽笛声声，正扬帆远航。

滨海休闲，温泉揽胜

营口温泉名气很大，每年都吸引着无数的人们来这里感受温泉的魅力。这里的温泉堪称北方品质最好的温泉，有很好的保健作用。其中，营口天沐温泉起步占领东北露天温泉高端，金泰珑悦海景大酒店起步占领中国北方海景温泉高端，营口御景山温泉宾馆起步占领东北别墅、四合院式温泉高端，盖州思拉堡温泉小镇虹溪谷温泉无论规模还是品质都占据全国山地生态温泉高端。

在众多的温泉中，最负盛名的要数位于"泉城"盖州的思拉堡温泉小镇，光听名字，已让人神往。它是近年开发的一处地热温泉，面积、储量、水温都居辽宁之首。

营口温泉旅游精品项目频出，温泉海滨休闲旅游集聚区成果凸显，以迅猛之势占领了市场。目前，鲅鱼圈温泉海滨休闲旅游集聚区重大项目计划总投资402亿元，盖州双台生态温泉旅游集聚区重大旅游项目计划总投资349.78亿元。

贡米产地，苹果之乡

东北大米享誉全国，而营口又位于东北水稻产区最南端、辽河下游，地理环境、土壤、水质得天独厚，盛产优质水稻。营口年产水稻40万吨，畅销海内外。早在清朝，营口大米就因籽粒饱满、洁白光亮成为贡米。

在营口稻田一带参观，若是赶上苹果成熟的季节，便可见到果树枝头挂满了红彤彤的苹果，饱满欲坠，令人垂涎。世人大多只知黄河故道产苹果，却不知营口的辽南苹果也是一绝，且产量及果质都在国内处于领先地位。滚滚的渤海仿佛流露着历史大浪淘尽后的豁达，屹立了千万年的望儿山又像在向世人诉说着人间真情，而挂满枝头的苹果也向世人展示着丰收的喜悦。

辽西第一市——锦州

关外地广人稀，广袤的土地、极寒的气候使这里较之于中原地区于辽阔中多了几分荒凉与萧索。因为人迹罕至，东北曾给人留下历史积淀不够深厚的印象。其实，在辽宁省西部，有一座有着2000多年历史的古城——锦州。

辽西中心，海上锦州

"三山一水三分田，二分道路和庄园。" 锦州不仅地域辽阔、辐射区域广，其综合实力亦稳居辽西首位。辽东湾如同天然的避风港，使这里四季分明，呈现出显著的海洋性季风气候特色，对发展农、林、渔等产业极为有利。大片滨海平原，既有利于大力发展种植业，同时也使得交通极为便利。运输网络四通八达，远近货物在此辐辏，得天独厚的区位优势使锦州与葫芦岛、盘锦、朝阳、阜新构成一小时经济圈。同时，它还位于著名的辽西走廊东端，

⬇ 锦州——历史与现代

是连接东北地区和华北地区的交通枢纽。早在1992年，在国家统计局进行的全国城市综合实力50强评比中锦州就已排名第40位。就连世界园林博览会也为锦州所吸引，给予其2013年世园会的主办权。

而说到锦州今日取得的成就，渤海始终是一大强心剂，它为锦州发展所提供的机遇除了交通之外，还不可忽视另外一点——物产。海岸线蜿蜒曲折达97.7千米，近海水域广阔，形成大片滩涂，25万亩近海渔场为渔业的发展提供天然良机，成为锦州经济发展的重点，也使得锦州成为辽宁省的主要产盐区，成就了"海上锦州"。

进入21世纪，锦州发展态势更加强劲。在激烈的竞争面前，锦州抓住辽西第一大市的定位，结合区域内港口优势，同时又与葫芦岛市两城联动，极大地增强了自身优势。锦葫大都市圈的建立，将锦州的魅力充分展现在世人面前。

海洋城市，大放异彩

身为渤海儿女的锦州，同世界上所有的海洋城市一样，既享受着海洋带来的便捷与通达，引领着当地的经济发展潮流，又面临着经济高速发展带来的一系列挑战。如何实现经

⬆ 参加海洋日活动的小学生兴高采烈

世界海洋日暨全国海洋宣传日

"世界海洋日暨全国海洋宣传日"，长长的一串文字，是否让你摸不着头脑？其实，它是两个节日融合的产物。两者之间最先启动的是"全国海洋宣传日"，它由国家海洋局在2008年7月18日首次举办活动，对海洋进行连续的、大规模的、多角度的宣传，力求增强国民的海洋意识。紧接着便是"世界海洋日"。2008年12月5日第63届联合国大会通过111号决议，决定自2009年起，每年的6月8日均为"世界海洋日"。两者最初并行不悖，彼此呼应，2010年干脆"强强联合"，"世界海洋日暨全国海洋宣传日"也就应运而生了。那海浪翻滚、海鸥腾飞的标志，恰似它的如火如荼，恰似中国海洋事业的欣欣向荣。

⬆ 2013世界海洋日庆祝大会暨年度海洋人物颁奖仪式

济，尤其是海洋经济的可持续发展，成为众多海洋城市心中的头等大事。鉴于此，国家海洋局、辽宁省人民政府以及联合国开发计划署共同决定，在2013年6月8日世界海洋日那天，共同主办2013龙栖湾世界海洋城市论坛，而此次论坛的举办城市，恰恰是这辽西中心城市——锦州。

其实，2013年的世界海洋日暨全国海洋宣传日这天，锦州注定光芒四射，因为它不仅承办了世界海洋城市论坛，还是本届海洋日的承办城市，而本届海洋日恰恰是党的十八大明确提出建设海洋强国战略目标之后迎来的第一个海洋日。品味此次活动的主题——"建设海洋强国"，锦州肩上的责任越发重大；看看承办过海洋日活动的各位"前辈"——青岛、珠海、天津、大连、北京，锦州的分量可见一斑；浏览主场活动的内容——庆祝大会、2012年度海洋人物颁奖、高峰会议等等，锦州注定热热闹闹，异彩纷呈。

↑ 壮美锦州港

锦州港：扬眉剑出鞘

与海洋日活动同样熙攘纷繁的，便是那激情飞扬的锦州港。远远望去，锦州湾茫无垠际的海岸线上，填海造埠，一片繁忙。这般激情拼搏恰是锦州港特有的节奏，让人深深感受到其磅礴气势。

位于东经121°04′、北纬40°48′的锦州港，是渤海西北部400多千米的海岸线上唯一全面对外开放的国际商港。它举足轻重，因其便利的交通、巨大的吞吐量而引人注目，成为环渤海港口中的一颗耀眼明珠。从地理区位来看，它连接着我国东北中部和西部、内蒙古东部、华北北部乃至蒙古国、俄罗斯西伯利亚和远东地区，是这些地区较近的出海口。

锦州港是深水港，基本上全年不冻。在它北部辽阔的腹地上有40多座城市，这片约20.4万平方千米的土地，是我国重要的重工业和农牧业生产基地，也为锦州港提供了重要货源。"近蒙大港先得煤"，有了蒙东地区异常丰富的煤炭储量相助，锦州港的竞争实力迅速上升，而振兴东北老工业基地的大背景与将辽宁沿海经济带纳入国家战略的难得机遇，更助力锦州港朝向亿吨能源大港的目标迈进。

滨海古城，旅游新宠

锦州有2000多年的历史，集关外之豪放及名胜古迹之厚重于一身。考古发掘表明，自远古以来，锦州这块土地上就有人类繁衍生息。此后历经江山易主，朝代更迭，历史的烽烟在这片土地飘散，呈现于裸露的地表。回首千载，寸寸皆是记忆。而两次重要的战役，又在锦州史上留下了浓墨重彩的一笔：明清松锦大战，记载了朝代更迭的壮阔与悲凉，而辽沈战役中，锦州那不可抹灭的功绩也使其在共和国的历史上占据着重要地位。

此外，锦州的旅游资源也很丰富，名胜古迹众多。现有国家级文物保护单位5处，国家级自然保护区1处。

辽代皇家寺院——义县奉国寺

义县在锦州并不起眼，它为世人所知要归功于那座有着千年历史的奉国寺。相传此寺是辽朝圣宗皇帝耶律隆绪在母亲萧太后（萧绰）的家族封地所建的皇家寺院，也是国内现存辽代三大寺院之一，殿内有世界上最古老、最大的泥塑彩色佛像群，其标志性古建筑大雄殿是古代遗存建筑面积最大的佛殿。

🔻 义县奉国寺

如今，修葺一新的奉国寺占地5万余平方米，大气的内外山门配合古典的牌楼、钟亭，辅以碑亭、天王殿及辽代的大雄殿等，形成一方完好的古建筑群落。殿内遗存的众多文物保存完好。奉国寺集古建筑、绘画、考古、佛教等历史、科学、文化、艺术价值于一体，使游客在观赏的同时，也可领略佛法之奥妙。

闾山

海上多名山，因为山的点缀，这景致亦愈显高妙壮阔。闾山，便是装点锦州滨海的神来之笔。这满语中的"翠绿之山"的确不负其名，绿意盎然，为国家级自然保护区。自隋开始，此山便成为"五大镇山"的"北镇"。元、明、清皇帝登基时，都照例到山下北镇庙遥祭此山，故其声名日隆，一跃而为东北名山之首。它以悠久博深的历史文化和秀丽奇特的自然风光享誉国内外，成为旅游胜地。在闾山的基础上，今人兴建了国家森林公园，方圆百里，绿树葱茏，山势雄伟，自然风光与人文景观交相辉映，颇为壮观。

关外第一佛山——北普陀山

东海有南普陀，渤海亦有北普陀。北普陀山不存与南普陀争高之心，静默自持，栖居于锦州市西北郊，守着一段源远流长的记忆，不啻为关外第一佛山。北普陀山连绵浩荡而不见边际，集奇洞、妙佛、圣泉、宝树于一体，实为洞天福地，人间圣境，吸引了众多游人前来登山观望，欣赏美景。

⇧ 闾山

⇧ 北镇庙

⇧ 北普陀寺天王殿

↑ 飞天广场

关外第一市——葫芦岛

当我们把目光聚焦在渤海沿岸的辽西，京沈铁路线上一座名为葫芦岛的小城便会映入眼帘。它是环渤海经济圈内最年轻的城市，但在起步阶段已显露出巨大的潜力。辽西第一高楼——滨海金融中心，透露着它的勃勃雄心。众多民族聚居于此，群星璀璨，俨然多元文化大熔炉。红山文化孕育着它的厚重，古筝韵律悠扬，彰显筝岛魅力。

辽西的葫芦岛，像是守卫着关东大门的将军，器宇轩昂，尽忠职守。葫芦岛东北邻锦州，西南接秦皇岛，北枕燕山余脉与朝阳市接壤，南临辽东湾，与营口、秦皇岛等城市构成环渤海经济圈。小而精致，多元而富有生机，它是航天英雄杨利伟的故乡，是奋进的工业之城、秀美的港口之城，也是新兴的生态宜居之城。

河奔海聚，民族熔炉

锦州、山海关与辽东湾牵手环绕，形成一个葫芦形的地域，"可爱"的葫芦岛市就处于这个天然襁褓中。在明星璀璨的环渤海经济圈众城中，葫芦岛还只能算个年轻的"小字辈"。但初生牛犊不怕虎，其迅猛的发展势头令人刮目相看。它所处位置恰扼关外之咽喉，是东北的西大门、山海关外第一市。如此重要的地理位置以及旺盛的生命力，使葫芦岛不负众望，逐渐成为锦葫都市圈的"红人"。国内外工商业巨头纷纷择址于此，大展宏图。

择水而居，临海而筑，人类的繁衍，文化的传承，总离不开水的滋养，海洋不仅是生命的起源，也是文明源远流长的凭靠。河奔海聚的葫芦岛早在古代便被智慧的人们一眼相中，在此繁衍生息。此后诸多民族纷纷迁徙至此，这里逐渐成为一个典型的多民族聚居区，有汉、满、蒙古、回、朝鲜、锡伯、苗、彝、黎、土家、壮、达斡尔、藏、仫佬、俄罗斯、维吾尔、布依、侗等27个民族，百花齐放，群芳争艳，堪称民族熔炉。

滨海临城，峡谷点翠

要用一句话来概括葫芦岛的风光之美，便是"滨海临城，峡谷点翠"。海指龙湾海滨，城是九门口长城，而这峡谷，则是享誉关外的龙潭大峡谷。这三者融海之博大、山之雄伟与峡谷之神秘于一体，构成了葫芦岛别具一格之美。

龙湾海滨是全国知名的自然海滩，有着长达3000多米的沙滩。蜿蜒的海岸线像一条玉带连接着兴城市和龙港区，沙细水清。经过多年精心打造，龙湾海滨已成为以自然风光和人文景观相依托，集旅游观光、海水洗浴、娱乐休闲、美食购物于一体的综合性、多功能的风景旅游区，是东北城市群中最具引力和辐射力的景区之一。

🔻 绥中长城

　　如今龙湾海滨山海相接，海岸蜿蜒，时见渔舟绰绰，点缀着秀美的风景。在海湾西北的山坡上建有新颖别致的望海楼。登楼远眺，云水苍茫，海天一色。海风吹拂，令人胸襟为之开阔，豪情满怀。随山势起伏曲折、上下两层均可观海的观海长廊与望海楼连成一体。手扶长廊的围栏，观海浪，闻涛声，令人心生惬意，仿佛海上之清风与山间之明月此刻皆为我所有。

　　在绥中县西南境内有一段长44千米的明长城，仿佛曾经失落的珍珠，正逐渐进入世人眼中。九门口是其中的一道关口，是明长城的重要关隘，被誉为京东首关，东距绥中城62.5千米。九门口长城建于明洪武十四年，独具特色。在百余米宽的九江河上，铺就7000平方米的过水条石，俱为纵行铺砌，边缘与桥墩周围均用铁水浇注成银锭扣。这就是历史上著名的"一片石"。

　　九门口长城城桥下有九个泄水城门，水势自西向东直入渤海，气势磅礴、壮观，是自然景观和人文景观的完美结合，因而享有水上长城的美誉。2002年，九门口长城被联合国教科文组织评为中国东北地区唯一的世界文化遗产。

　　葫芦岛龙潭大峡谷虽比不上洛阳龙潭大峡谷的气势，但却独具特色。它是整个东北地区唯一的峡谷，大部分位于葫芦岛市建昌县老大杖子乡，小部分位于青龙境内。如果到葫芦岛

🔻 九门口长城

⬆ 葫芦岛龙潭大峡谷

游玩，顺道去一瞻峡谷风姿，看看谷中的神龟石、龙骨洞，再到弥勒大佛前拜一拜，说不定好运就会随之而来呢。

红山源头，古筝新韵

东北地广人稀，冬季天寒地冻，古代鲜有人居住。大部分地区没有中原文化那样的深厚积淀或许是此地文化发展的软肋，但历史总是会以另外一种形式给予补偿。葫芦岛，似乎格外受到垂青，它不仅是红山文化的发源地，还有传统古筝轻音在此流传。

红山文化距今已有五六千年，是一个在燕山以北、大凌河与西辽河上游流域活动的部落集团所创造的农业文化。红山文化的社会形态初期处于母系氏族社会的全盛时期，在迄今为止发现的古陶器以及工具残片中，还可以想象往昔在这片土地上生活的古人的画面。除了种植、狩猎的工具之外，发掘的捕鱼工具也从某个侧面证明海洋对此地居民产生的影响。葫芦岛作为红山文化的遗址，踏着新石器时代的过往向今朝走来，深厚的底蕴也使之散发着别样的韵味。

思绪尚沉浸在红山文化的博大精深之中，耳畔似有《红山魂》奏响。你会发现这悠扬的音波正在碧海蓝天、红瓦绿树之间袅袅升腾。正是筝这个古老的乐器为葫芦岛赢得了一个响亮的名字——中国筝岛。早在战国时期，时属燕国辽西郡地的葫芦岛就已有了深厚的文化积淀。几千年间，这里几度变迁，古筝这种高雅的乐器虽历经沧桑，仍然彰显着它那无限的生命力。韵律悠扬娓婉的筝乐和着朗朗上口的祭文，更显出汉文学的博大精深。

葫芦岛的古筝艺术家们在古筝新筝曲目创作方面显露着国人的天赋，先后编创古筝新筝曲目200多首，不断将新鲜血液注入这门古老的艺术中。古老的筝琴，带着绕梁三日、不绝于耳的袅袅余音，传向五湖四海。同时，美妙的琴音也让葫芦岛市迎来了觅声而至的国际友人。

⬆ 红山文化时期的有孔石斧

秦皇东巡求仙处——秦皇岛

万里长城似巨龙腾飞，看山海巍峨，东归苍茫。

秦皇东临处云接雾绕，叹辽阔大地，今托朝阳。

秦皇岛，因秦始皇东临经此而得名，从历史深处向我们走来。今日的秦皇岛，承载着悠久历史，焕发着勃勃生机。从古时的兵家必争之地到如今环渤海经济圈商业重镇，在时代机遇面前，这座古城正以旺盛的生命力实现着华丽的转变，成为中国特色魅力城市。

昔日秦皇下马处，今朝生态园林城

"古殿远连云缥缈，荒台俯瞰水潺潺"，有着2000多年的悠久历史、拥有和浪涛不息的渤海一样丰富的文化的秦皇岛，是中国唯一一个以皇帝尊号命名的城市。《长安客话》中记载："关（山海关）南六里有孤山，屹然独立于海上，四面皆水，俗呼秦皇岛……俗传秦皇至此山见荆，愕然曰：'此里师授吾句读时所用扑也。'下马拜，荆皆垂首向地，如顿伏伏，至今犹然。石上有秦皇下马迹，因名秦皇山。"

地名将一段流动的历史凝固，并加以传承，也在后人的想象中愈加丰富。现代化之推进，也使得中国的城市竞争更为激烈，渤海海滨城市纷纷寻找适合自己的名片。实力雄厚者如天津，以复杂多元为特色，小巧者如营口，主打港口品牌，而作为北方最著名的休闲旅游城市之一，秦皇岛的一大切入点便是绿色生态之城。

↑ 秦皇岛海滨

↑ 生态秦皇岛

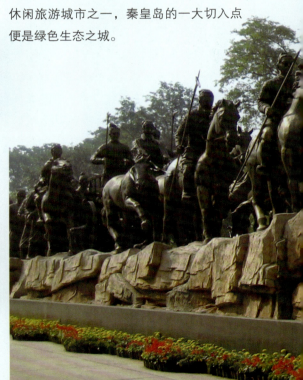

秦皇岛不仅具有悠久的历史，还是我国首批14个沿海开放城市之一。在众多历史老城面临发展疲软的难题时，秦皇岛却能迎难而上，及时抓住机遇，在现代城市竞争中争得一席之地。它是全国投资硬环境四十优城市之一，并在中国综合竞争力百强城市中名列第29位。秦皇岛有良好的发展态势，经年的变故没有削减它的锋芒，反而更增添了它的智慧。河北省也对这块"宝地"厚爱有加，给予多项政策支持鼓励其发展。秦皇岛以河北省唯一的国家级经济技术开发区、出口加工区为依托，依靠燕山大学科技园的科研实力，获得了飞速发展。良好的基础条件和投资环境，也使秦皇岛成为外商投资的理想之地，已有53个国家和地区的客商慕名前来投资兴业，其中不乏国际知名公司。他们齐聚秦皇岛，共谋发展大计。频繁的国际交往使秦皇岛日益引人瞩目，已与美国、意大利、日本、科威特、法国等国家多个城市缔结了友好交流关系。通过这些友好渠道，秦皇岛与海外广泛开展了经贸、文化、艺术、教育、科技、体育等多个领域的

⬇ 秦始皇求仙入海雕塑

交流与合作。而作为2008年北京奥运会协办城市和环渤海地区重要城市，秦皇岛具有广阔的发展前景。现在，这里的人们正全力打造绿色秦皇岛、和谐秦皇岛、活力秦皇岛和魅力秦皇岛，努力把秦皇岛建成园林式、生态型、现代化滨海名城。

长城滨海画廊，四季旅游天堂

在发展经济之外，秦皇岛还不忘挖掘自身的优势：山环水绕，自然风光秀美，又有着深厚的历史积淀。集山、河、湖、泉、瀑、洞、沙、海、关、城、港、寺、庙、园、别墅与珍稀动植物等于一体，秦皇岛旅游资源类型丰富，是开展多项目、多层次的旅游活动，满足不同旅游者旅游休闲的最佳场所。

经过多年开发建设，秦皇岛旅游基础设施和景点步入发展快车道，逐步形成了以长城、滨海、生态为主要特色的旅游产品体系。长城文化、海滨休闲度假、历史寻踪、观鸟旅游、名人别墅、山地观光、海洋科普、国家地质公园、体育旅游、乡村旅游、城乡双向游、会议旅游、工业旅游等多种精品旅游线路，以及每年举办的具有浓郁地方文化特色的山海关国际长城节、孟姜女庙会、望海大会、昌黎干红葡萄酒节等节庆活动，都备受国内外游客青睐。秦皇岛一年四季皆景，可供旅游者探险猎奇、寻幽览胜。其中自然资源以山、海闻名，人文资源以关、城最为突出，社会资源以原中央暑期办公地北戴河最具魅力。

这里山地地貌奇特多样，飞瀑流泉随处可见，森林覆盖率高，野生动物、植物资源丰富，更有长城等大量古迹点缀其中。海沙细而平旷，滩缓而水清，潮平而差小，延绵近百里。海水水质清洁，阳光充足，是进行海水浴、日光浴、沙浴、沙滩活动与海上观光、海上运动的最佳场所。辖区内的长城蜿蜒起伏，枕山襟海，依势而修，气势不凡。

港城联动，共谱华章

除了风景优美、旅游资源丰富之外，港口也是秦皇岛的一大优势。秦皇岛港位于辽东湾西侧、河北省滨海平原的东北侧，背靠万里长城，地处山海关要冲，地理位置极佳，而燕山

↑ 北戴河沙滩

↑ 秦皇岛港

浩荡，又为其提供天然的屏障，使港口免除冰冻与风浪的困扰，是天然的不冻港。对于海上作业而言，港口不冻意味着可实现全天候的通航与作业，加上秦皇岛港的高效率，极大地节省了船舶运输的成本，使其在众多港口中脱颖而出。智慧的秦皇岛人利用秦皇岛港具有的无可比拟的煤炭集港优势，开通大秦线煤炭铁路运输专用通道，万吨煤炭专用列车在此区间往复运行，通过港口把煤炭运往各地，也使秦皇岛成为我国目前最大的能源输出港，在西煤东调和北煤南运两项工程中发挥着重要作用。港城联动，可谓"名利双收"。

万里长城第一关——山海关

"两京锁钥无双地，万里长城第一关。"有"天下第一关"美誉的山海关位于秦皇岛市以东10千米左右处，是明长城的重要组成部分。秦皇岛境内存留一段约26千米的长城。山海关是军事重地，自1381年建关设卫，已有600多年。如今，这雄关虽已成为历史陈迹，但是它却以它那雄伟庄严的风貌、可歌可泣的历史，鼓舞着人们的坚强意志，激励着人们的爱国情感。诗人陈志岁游山海关，在其《山海关》诗中发出如下感慨："不再控山海，尚存雄伟城。几回摩冷堞，想象昔陈兵。"

在这里，山海交汇，气势磅礴，天开海岳，地接横路。雄关巍峨耸立，萧显所书的"天下第一关"匾额高悬，笔走龙蛇间可见遒劲的笔力。山海关又为京师屏翰，辽左咽喉，地位显要。角山长城蜿蜒起伏，像一条巨龙，盘踞在山海之间，烽台险峻，风景如画。从刘伯温到吴三桂，江山易主，沧桑变幻，仿佛只在一瞬间。孟姜女庙临海而望，垒垒石壁间似乎还能隐隐听到哭声，诉说着一段浪漫与离殇。

山海关

渤海明珠——天津

津门极望气蒙蒙，泛地浮天海势东。昏到晓时星有数，水连山处国无穷。柳当驿馆门前翠，花在鱼盐队里红。却教楼台停鼓吹，迎潮落下半帆风。

——孔尚任《舟泊天津》

天津是渤海诸城之首，更是一座难以解说的城市。它丰富中透着单纯，古老中又孕育着新生；它是旧时的天津卫、临海的小渔港，也是如今渤海边崛起的明珠。环球金融中心高耸入云，彰显着这座城市旺盛的生命力与雄厚的经济实力；名流茶馆中的相声，又不经意中流露着这座民俗之城的古老与世俗。它居高而立，却不失亲切。在天津卫的街巷间穿行，常常会迷失其中。五大道的小洋楼让你疑心迈入西欧某地，而文化街的古书字画，又让你仿佛瞬间穿越到了明清。天津的复杂、丰富、立体，都使诠释这座城变得不可能，但或许正是这说不清道不明的感受最能概括天津。

位于渤海之滨的天津，是一座风景秀美又有着600多年历史的文化名城。蜿蜒的海河穿城而过，犹如一条巨龙，从滨海新区流入渤海湾。从高处俯视，海河又如一条光滑的丝带，在阳光的照射下分外妖娆。黄昏，夕阳的余晖给古城涂抹上一层金色。岁月像一只青春鸟，栖落在红墙黛瓦的檐角，见证着风雨变迁。夜晚，华灯初上，色彩斑斓的霓虹灯渐次点亮，音乐喷泉舞动身姿，焰火映红了夜空。此时的海河如一块水晶，光彩夺目。白天，鲜花草木与湖光塔影相映成趣。入夜，波光潋滟，荧塔与星月同辉。

九河入海，京畿门户

特殊的地理位置，使得渤海成为华北海防前哨和通向太平洋的必经之地，而天津作为渤海边上的第一大市，成为京畿的天然海上门户。

天津地处海河入海口，是古代著名的漕运码头。漕运在元、明、清时期非常重要，京师粮食器物等的供应主要仰赖漕运。尤其在明、清两朝，天津成为水上御路的门户，其中以塘沽尤为突出。海河、北运河是由大沽口通往京师的御用水道，塘沽正处在这条水上御路的道口。无论是天子贵族，还是黎民百姓，都常常乘船沿河而下，因而御道两岸建有驿站馆舍，地方官员和盐商巨贾更是不惜重金为皇帝兴建了奢华行宫。到近代，塘沽已成为外国使臣水路进京的必由之路。

↑ 蓬勃发展的天津

　　奔腾的海河水养育了一代又一代的天津儿女。历史上的天津卫，曾经既趁河海舟楫之便，又得滩涂渔盐之利，亦据京师门户之险。然而，繁华如梦，在经历了漕粮海运、御道门户的繁荣与兴盛，开拓了滩场生息、盐业鼎盛的发达与辉煌，尝试了西学东渐、实业图强的探索与变革，也饱尝了拱卫畿辅、抵御列强的悲壮与屈辱之后，历史的烟尘渐渐散去。如今的天津厚积薄发，是继长三角和珠三角之后中国经济新的增长极。

↑ 大沽口保卫战

　　燕赵大地，九河入海，方为津门故里。承载着悠久的历史，跨越数百年风雨而来，开埠通商，大贾云集，漕运开航，炮台高筑。忆往昔，繁华旧梦不复，如歌的行板和着胡琴的咿呀，透着曲艺之乡的乐天幽默。五大道车水马龙，一幢幢异国风情的别墅，记载着晚清的懦弱、番邦的入侵。昔日租界的奢靡已化作今日无言的遗迹。说不尽、道不尽的津门史话，需要你走近它，掀开那层覆满坠饰的面纱，才能看清它的真面容。

濒海临都，经济腾飞

天津东临渤海，北接北京，曾是古代的漕运码头，五方杂处，各路人马云集，一派兴隆。良好的区位使天津自清末民初已跻身为中国经济最发达的城市之一，商贾辐辏，工商业及金融业发达。然而，在上个世纪五六十年代，与发展得快的其他城市相比，天津市一度经济发展迟缓。唐山大地震不仅给唐山带来重大伤害，经济"余震"亦波及了天津，天时地利无一具备。彼时国家政策又开始大力向东南沿海倾斜，天津逐渐失去在中国经济中的领军位置。

山重水复疑无路，柳暗花明又一村。许是见惯了世间风雨，天津人自有一份气度，在巨变面前稳住阵脚，终于迎来了经济发展的春天。这一重大契机体现在对滨海新区的开发上。2005年，天津滨海新区纳入国家"十一五"规划和国家发展战略，并设为国家综合配套改革试验区。天津经济再次迸发活力，并成为中国经济新的增长极。国务院会议将其定位为"国际港口城市、北方经济中心、生态城市"。紧接着，包括世界经济论坛新领军者年会在内的一系列世界性经济盛会相继在天津举办，数千全球政界、商界和学界精英人士齐聚天津。世界500强跨国公司也闻风而动，调转航向，已有150家在天津落地生根，带来数百个投资项目，财富源源不断地涌入天津地界。靠实力说话，在中国社会科学院发布的《全球城市竞争力报告（2011~2012）》中天津位列第157名。天津最终依靠自己的实力以及不懈努力，实现了迅速的腾飞。

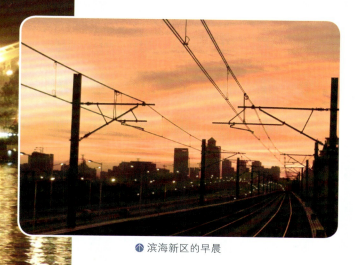

⬇ 海河口夜景

滨海新区，金融重镇

要考察中国近现代工业的发展史，南方主要看上海，北方则要以天津为范本。在市区CBD的高楼大厦间穿行的白领们大概想不到，百年前的这里，已是一座商品辐辏的工业重镇，且是华北地区的老工业基地。在新中国成立前乃至计划经济实行的很长一段时间，天津的工业产品可是仅次于上海的"紧俏货"。在物资匮乏的年代，百姓以买到天津出产的

⬆ 滨海新区的早晨

精盐为稀罕物，甚至把它当作馈赠亲友的佳品。人们现在所习以为常的电视机、电话，其在中国的故乡，都要追溯到天津。无怪乎在民国的影视剧中，但凡涉及天津，我们总会看到政商名流拨打着转盘似的电话机。迈入新世纪，天津也没有"吃老本"，而是不断开拓新的领域。国家提出发展滨海新区战略后，天津逐步优化产业结构，采取依靠重大工业项目拉动经济的战略，已经形成航空航天、石油化工、装备制造、电子信息等八大优势支柱产业。北方经济中心的名头可是当之无愧。

金融业是衡量一地经济发展水平的重要标杆。天津文化积淀厚，百姓脑筋活，做生意也是不落人后。这里的金融业古已有之，近现代开始形成较大规模，到了当代更是独树一帜，以滨海新区为载体成为中国金融行业多方面重大改革的示范区。滨海新区战略的实施，将改革的春风带入天津，顿时众多金融机构如雨后春笋般涌现。如今的天津市区，高楼大厦林立，以银行为核心形成了规模庞大的CBD商圈。

国家海洋博物馆

坐落于天津滨海新区的国家海洋博物馆是我国首座国家级海洋博物馆，占地面积30万平方米。它是我国首座综合性、公益性的海洋博物馆，2015年建成后将展示海洋自然历史和人文历史，成为集收藏保护、展示教育、科学研究、交流传播、旅游观光等功能于一体的国家级爱国主义教育基地、海洋科技交流平台和标志性文化设施。它的建设在我国海洋事业发展史上具有里程碑意义，对于保护海洋文物、提高全民族海洋意识、建设海洋强国有重要意义。

◀ 天津环球金融中心

津门三绝，小吃荟萃

说到天津，可不能不提小吃。即使没到过天津，也肯定听说过著名的津门三绝：耳朵眼炸糕、狗不理包子和桂发祥十八街麻花。天津是临海商埠，码头上总是聚集了四面八方的底层劳动者，工时紧张，饭菜也讲究快捷。在这样的环境下，包子便格外畅销。随着各地商旅不断在天津聚集，也带来了不同地域的特产，小吃的种类格外繁多。但其中最有名的，还要数津门三绝。没尝过这三样小吃，就不算到过天津。如今，来天津旅游观光的人行程之一就是到南市食品街去品尝一下地道的天津小吃，感受一下老

⬆ 天津狗不理包子

天津卫的饮食风味。当然，天津的小吃可远不止以上提到的几种。天津风味明显且知名度较高的还有曹记驴肉、冠生园八珍羊腿、陆记烫面炸糕、白记水饺、芝兰斋糕干、大福来锅巴菜、石头门坎素包……光听名字，相信你已对这些小吃垂涎三尺了吧。

闻名遐迩、享誉世界的"狗不理"是天津的百年金牌老字号。狗不理包子备受欢迎，关键在于用料精细，制作讲究，选料、配方、搅拌以至揉面、擀面都有一定的绝招儿。特别是包子褶花匀称，每个包子都是18个褶。刚出屉的包子大小整齐，色白面柔，看上去如薄雾之中的含苞秋菊，爽眼舒心。咬一口，油水汪汪，香而不腻，深得大众百姓和外国游人的青睐。

除了大名鼎鼎的狗不理包子，耳朵眼炸糕、桂发祥的十八街麻花也都各具千秋。除了口感诱人之外，每一种小吃都有一段耐人寻味的故事，也体现了传统手艺人谋生的不易与手工食品的珍贵。

民俗之城，文艺风范

说天津是中国最具民俗特色的城市之一，大概没有人会反驳。海风捎来了现代化的气息，却没有稀释这里的古老韵味。天津人的嘴上功夫厉害，说到底与当年作为海上商埠各路人马云集有关。天津很早便被辟为通商口岸，码头上人来人往，五方杂处，卖艺谋生，都离不开"嘴"，从而催生了众多曲艺。

天津的别致，在于很好地将古典与现代、传统与西化相结合，表面看似乎是华洋杂处，但属于天津人的骨子里的民俗味儿，从来不曾远去。到名流茶馆听一场相声，体味天津人独有的幽默，会觉得曲艺之乡绝非徒有虚名。天津是诸多曲艺形式的发源地，天津时调、天津快板、京东大鼓、京韵大鼓、铁片大鼓、快板书等曲艺形式都在天津形成；而京剧、河北梆

子、相声、评剧、评书、单弦、梅花大鼓、西河大鼓等的兴起与繁荣也离不开天津这片土地的滋养。其中，相声和京剧是最具代表性的天津曲艺。

天津相声兴起于19世纪末20世纪初。这门古老的曲艺为何能在天津兴起呢？首先要归因于天津人豁达开朗的天性。天津人向来乐天幽默，相声具有天然的观众基础。此外，旧时天津卫是北方商业重镇，不仅名商云集，而且不乏生活在底层的艺人。为了养家糊口，也为消除疲劳，这些艺人在茶余饭后或是工作之余，开始摆堂说书，逗大伙一乐。他们起初在老城根一带聚集，那里逐渐形成了专供艺人演出的两块"明地"。到20世纪20年代，开始出现由席棚发展而来的书场、茶社，并逐渐接纳了相声演员演出，相声表演开始规模化、团体化。曲艺发达的天津，滋养了一批又一批相声艺人，老一辈的马三立、侯宝林、常宝堃、高英培等，新一辈的冯巩、郭德纲等，皆是国内相声界的领军人物。他们在为全国观众带去欢乐的同时，也将相声这门传统艺术不断发扬、传承下去。

⬆ 壁砖上的天津卫民俗

商业发达之地多被称为文化沙漠，但天津却是个例外。深厚的文化积淀使古老的天津卫散发着别样的气韵，可称为除北京外中国最"文艺"的城市。无论是文学、音乐，还是绘画、书法，都极具特色。上世纪30年代，几位世界级的古典音乐家，包括小提琴家雅沙·海飞兹、弗里茨·克莱斯勒及钢琴家拉赫玛尼诺夫等，先后来到天津演出，让天津市民领略了西洋音乐的魅力。著名的弘一法师李叔同更是传播西洋音乐的先驱，由他填词的《送别歌》在民国初年就已作为学堂乐歌在新式学堂中广为传唱，经久不衰，是我国音乐史上的经典名篇。

除了音乐之外，天津文学也不可小觑，现代文学史上伟大的剧作家曹禺就是天津人，他创作的《雷雨》《日出》等优秀剧目极大地带动了现代话剧在我国的发展。此后，天津文坛也是名家辈出，群雄并起，且呈现出明显的地域文化特征，"天津味"别具一格。孙犁的《风云初记》和《津门小集》等，清新淡雅，至今为人传诵。当代作家冯骥才创作的一系列津味小说、散文，也使得天津这座城市在文学史上占有一席之地。

天津绘画历史悠久。早在康乾盛世，天津画坛就是正统画风的重要领地。天津书法界早期有四大家——华世奎、孟广慧、严修、赵元礼，而弘一法师李叔同的书画技艺同样精湛。

还有一点，不可不提，就是天津民俗。杨柳青木板年画、泥人张彩塑、风筝魏风筝以及刻砖刘这四大民俗在装点了天津文化大观园的同时，也使这座"文艺"的城市更增添了几分市井气与人间的烟火气，愈发可爱、迷人。

古今交融，中西合璧

天津旅游资源丰富，市区依河而建，景色优美。著名的津门十景包括天津广播电视塔、蓟北雄关、三盘暮雨、古刹晨钟、大沽口炮台、海河风景线、古文化街、双城醉月、水上公园、外环线。这些景观既有名胜古迹，也有旧景新颜，是新时代天津旅游景观的代表。天津的旅游特色在于中西合璧，既有古香古色的古文化街，亦有别致精巧的小洋楼——那一段屈辱的历史如今已经成了尘封的记忆，但留存的建筑却在时空交错中散发着别样的韵味。

⬇ 古文化街

↑ 意式风景区之佛罗伦萨小镇

古香古色，老街新貌

作为津门十景之一，天津古文化街是一条颇具古典气息的老街，朱瓦琉璃装点的店面吸引着人们探索其中，古字画似乎还散发着浓浓的墨香。那一份关于古典的记忆，在现代气息愈加浓厚的太多城市中已越来越难找寻，但古文化街似乎还能存放一份怀古之思。这里以经营文化用品为主，坚持"中国味、天津味、文化味、古味"的经营特色。街内有近百家店堂，陈运和诗称，一条街"记录天津历史的由来"。

从老街出来，沿海河东岸漫步，一座座连缀成片的欧式建筑渐渐映入眼帘。尤其是夜幕降临时，霓虹闪烁，使得这片建筑愈发流光溢彩。这里又名新意街，始建于1902年，曾是意大利在天津的租界区，也是除意大利本土之外世界上唯一一处大型意式建筑群。而今，历史的烟尘早已散尽，留存在此的已成为一处装点。自海河岸边到建国路，分布着众多租界时期留下的小洋楼和名人故居，经过整修现今已成为旅游和商务休闲场所。在黄昏的暮色中漫步老街，梁启超饮冰室、冯国璋故居、曹禺故居和意大利兵营等依次在眼前闪现，海河的风在街巷中穿过，让人疑心走入时光隧道，此情此景，似乎也只有在渤海边的天津才让人更有感触吧。

东部石油之城——东营

在北纬36°55′～38°10′，东经118°07′～119°10′之间，黄河入海，携带的大量泥沙冲击成了一片三角洲。就是在这片土地上，一座年轻的城市快速成长起来，成为山东北部经济重镇。这座城市就是东营。

东部、北部临渤海，西部与滨州市毗邻，南部与淄博市、潍坊市接壤，东营的成长历程颇具传奇色彩。时光退回到1961年，这里还只是一处不起眼的小村落。然而历史总是充满了偶然，一个再平常不过的春天，只因石油勘探工人不期然间在东营村打出了第一口油井，从此便揭开了地下油田的神秘面纱。原来这片盐碱地并非如表面呈现的那般贫瘠，在地壳深处，正蕴藏着丰富的石油资源。小小东营村自此摇身一变，成为一座以石油为支撑的现代化都市。

古老的大陆与黄河新淤地在东营境内同时呈现，亦古亦今。城市之北，新冲积的三角洲平原辽阔无边，清新壮丽；南部则藏龙卧虎，名家辈出。东营既是战国时期齐国腹地，也是兵圣孙武的故里。悠久的历史与灿烂的文化，使这座石油之城更增添了几分魅力与厚重。

东营天鹅湖

依河傍海，石油先行

　　文明的起源总离不开水的滋养，纵观世界著名的大江大河三角洲，其成功开发无不有力地带动了整个流域经济的发展乃至人类文明的进步。两河流域托起了古巴比伦悠久灿烂的文明，密西西比河三角洲、荷兰莱茵河三角洲的开发，造就了新奥尔良和鹿特丹两个著名的港口城市。如今，黄河三角洲的中心城市东营因为黄河与渤海的携手助推，依河傍海这一区位优势越发显著，令其他兄弟地市刮目相看。

　　北纬38°上下，集优良气候之大成，四季分明，雨热同期，且光照充足，东营恰位于这一天然气候区，牢牢占据了天时、地利两大要素。再看其经济地位，东营处于环渤海地区，北靠京津唐，东连山东半岛蓝色经济区，东北与大连隔海相望，向西辐射广大内陆地区，黄、渤海与黄三角经济带在此交汇，沟通东北与中原，发展经济，得天独厚。

　　提到东营，我们不能忽略的是它蕴藏着丰富的石油资源。北有大庆，南有东营。石油托起一座城，生动地概括了东营的发展史。东营不仅人杰，而且地灵，但从根本上支撑东营发

展的还是石油。然而，与位于内陆靠石油立市的大庆不同，东营的发展虽同样离不开石油，但追溯本源，还要归功于渤海。近海大陆架蕴藏着丰富的石油资源，海上钻井平台更是一道靓丽的风景线。黄河三角洲资源丰富，素来有"金三角"之称。作为我国第二大油田胜利油田所在地，东营的产业涵盖了石油勘探、钻采、管道输送、石油化学品和石油工程技术服务等多个领域，是全国最密集的石油装备制造业区域。目前，东营的石油机械制造企业达150多家，主营收入占到全国该行业1/3左右。

在东营境内，一种一上一下不停地"磕头"的机器随处可见。这就是当地人俗称的磕头机，学名叫抽油机。放眼全世界，在可预见的时期内，石油作为重要能源的地位不会改变。而随着国际油价的持续走高，投资者们纷纷调转航向，将资金投向石油勘探领域，从而带来了石油装备产业的快速发展。东营目前正积极利用自身的石油资源，加强与国际石油巨头的合作，以更加开放的姿态应对挑战。

🛢 油田之晨

国际石油石化装备与技术展览会

由中国国际贸易促进委员会、山东省人民政府主办的第六届中国（东营）国际石油石化装备与技术展览会2013年17日至19日在东营黄河国际会展中心举行。来自世界各地的政府机构、商协组织、大型企业集团和大型财团等云集东营，参展人数达3.5万余人。

中国（东营）国际石油石化装备与技术展览会是商务部重点培育的全国六大行业展会之一，已成功举办五届，累计参展企业2255家，签订投资类项目288个，累计签订对外贸易合同协议442个，对外贸易额441.81亿美元；国内贸易合同、协议额43亿元人民币。

物华天宝，人杰地灵

一方水土，滋养着一方生灵，也打磨着生活其中的人物性格。渤海之浩瀚，不仅在其外貌，也将海的博大、广阔品格浸润于其子民体内，使得东营这片热土自古以来就人才辈出。他们如灿烂的群星，在历史的夜空中闪烁，将其装点得光彩夺目。春秋战国时期的乐安（今广饶）是闻名中外的兵圣孙武的故里。在广饶县城漫步，可见4个宋代风格的四合院呈现在眼前，坐北朝南，"正襟危坐"，看人事代谢，往来成古今。"兵法千载，荣光乡里"，记载着一代兵圣孙武曾经的辉煌。走进南院，只见一尊高4米的孙武汉白玉雕像矗立眼前，身佩宝剑，手持兵书，昂首挺胸，睿目远眺，胸中似有万马千军。从故居正门出来，如果再在大街上转转，有时会看到当地特产——广饶肴驴肉。俗话说，天上龙肉，地上驴肉，虽是有些夸张，但也足见当地驴肉之鲜美。据说这里的驴肉红中透紫，滑而不腻，质实而不硬，浓香特异，且具有养生功效。

⬆ 广饶肴驴肉

夜色阑珊，华灯初上，是东营一天中最美的时刻。市区东城胜利大街与府前街交汇处的新世纪广场，是东营的标志性建筑，机关单位云集。新世纪门欢迎八方来客，音乐喷泉随着歌声起舞，透露着这座城市的俏皮与灵动。

吕剧故乡，楹联之城

人杰地灵的东营，是众所周知的戏曲之乡，位列我国八大剧种之一的山东吕剧，就发源于东营。说起吕剧的缘起，可是大有来头。其中的争议就集中在这个"吕"字上。有人说，这"吕"最初是"驴"的音译，因为有一赶毛驴的老艺人走街串巷吆喝才使这一戏剧形式逐渐在民间流传开。还有人说，"吕"原来叫为"闾"，古时二十五户为一闾，多由几户人家一块出演，是一出家庭戏。更有一种说法认为吕剧的伴奏乐器是坠琴，演奏时需要用手上下捋动，这"捋"的动作也就演化成了今天的"吕"，这一说法倒是够形象。不过，虽说众说纷纭，但足见吕剧在山东民间流传之广，才引发了这么多故事。

在各大城市纷纷寻找自身发展的契机时，打造城市名片逐渐成为发展文化软实力的重要举措。在这一点上，东营自然不甘居人后，"中国楹联文化城市"口号的提出使这座因石油而著名的城市更增添了文化内涵。楹联文化有着深厚的传统积淀，但其历史传承以及保护工作尚有待完善。机会总是垂青于善于发掘的人，东营人慧眼独具，在开拓发展这一文化资源的同时，也将传统文化的精华呈现于世人眼前。

资源宝库，迁徙"机场"

几字形的黄河从雪山浩浩荡荡奔流而下，绵延5400多千米，最后将一路走来收集的"礼物"毫无保留地送给了东营。黄河每年有约10亿吨泥沙入海，淤积而成约3万亩陆地。历经100多年的积累，积土成丘，进而延伸成大片平滩。在河、海、陆的共同作用下，这里地形地貌独特，生物种类繁多，生态系统完整。沉积的泥沙成了一笔意外之财，加上自然环境宽松可塑，东营演变成自然资源最为丰富的地区之一。泥沙覆于地表，经年积累，使东营具有广袤的土地资源，其中尚未开发的荒碱地就有约525万亩，是我国东部沿海土地后备资源最丰富的地区。大片草场绿意葱葱，芦花飘荡，涵养着丰沛水源，见证着季节更替，守望着候鸟归来。三角洲大片湿地、适宜的生存条件，吸引着众多珍稀动植物纷至沓来，使这里逐渐成为野生动植物资源的"基因库"与濒危鸟类迁徙停留的"国际机场"。东营虽然滨海而处，但由于泥沙淤积，不利于发展水运，也没有形成适宜休闲旅游的长滩，不过这并不代表此地海岸形同虚设。相反，这里有丰富的海洋资源，沿海岸线蓄积着能量，发展浅海养殖潜力巨大，是百鱼之乡和东方对虾故乡。如果你有幸在鱼汛时节来到东营，绝对要感谢自己的选择。捕鱼的船队满载而归，你将看到个大肉肥、长20厘米左右的东方对虾，活蹦乱跳急于挣脱束缚。此地还盛产黄河口刀鱼，其形状酷似锋利的短刀。每年阳春三月，黄河口刀鱼即沿黄河口逆流而上，洄游到东平湖去产卵，鱼卵孵化成鱼育肥后再沿黄河顺流而下入渤海生长和越冬。黄河口刀鱼刺多，柔软，肉细嫩，味鲜香。

港口与航线

星罗棋布，如繁星点缀幽邃夜空。
纵横交错，架通华北与世界之桥。

乘飞机在渤海上空俯视，只见轮船荡起的浪花在辽东半岛与山东半岛之间的海峡上交错着条条白线，透露着这片海域的繁忙与热闹。众多的港口沿着曲折的海岸线依次分布，各有分工，汇通海内外物资，沟通渤海与世界，仿佛一个个据点，辐射四方。

货运角逐

一艘艘巨轮在汽笛声声中驶出港口，驶向远方。集装箱船承载着万吨货物，在茫茫碧海中架起沟通世界的桥梁，钢材、煤炭、石油……华北的宝藏因为海上通道的拓展而走向世界，世界的资源因为渤海而走进华北。四通八达的交通网络将这片大海装点得格外绚烂。

天津港25万吨级航道

↑ 黄骅港

↑ 万吨巨轮

站在码头上，只见工人正在辛勤地劳作，集装箱被源源不断地送上货轮，热火朝天的干劲感染着众人，更使得这片海湾生机勃勃。古老的渤海，青春的航线，形成了一幅美丽的画面。

渤海沿岸，年轻的城市正以勃发之势跻身于经济大潮中，勇往直前。天津、秦皇岛、营口、锦州，这些港口城市愈发注重功能的扩展。随着环渤海在国家区域经济格局中地位的不断上升，各省市也纷纷使出了浑身解数，期望能在区域竞争中大显身手。港口作为区域竞争的重要砝码，更是这场竞争中的重头戏，环渤海地区的港口建设，也在这一时期集中发力。据不完全统计，C字形的渤海岸边密布着大大小小60多个港口，沿海城市几乎一城一港。渤海特殊结构的海岸线使得这些港口更为亲近，尤其是跨越渤海海峡的航线，更是连接东北与山东乃至南方的捷径。

古老的港口处处彰显着年轻的生机，比如天津港，它是镶嵌在渤海湾上的一颗明珠，却不居功自傲，总是敢于挑战自我，在一轮轮竞争大潮中脱颖而出，架通京津桥梁，连接东北亚，亚欧大陆桥穿境而过。这一番实力，也使其高居华北港口龙头老大之地位。

新的港口蓄势待发。黄骅港迅速崛起，不可小觑。秦皇岛港扼华北之咽喉，沟通关内外。碧蓝的海，给予人们无限想象的空间，也蕴藏着无限可能。这里孕育着希望，更蕴藏着无尽的财富。

客运

若说货运是海上丝绸之路的延续，海上客运之美，则美在与大海的亲密接触。在远离亲近的陆地之时，万里浩渺烟波，似乎更能让你有一份无畏无惧的气魄。

渤海客运与东海、南海同样发达。辽东半岛与山东半岛隔海相望，渤海海峡将它们分开。从地图上看，两点之间的直线距离是山东与辽东的最短航线。若是能够贯通南北，则无论是从经济角度还是人文角度，都具有不可替代的重要作用。

作为京津门户的天津，有通往大连和韩国仁川的客运航线。豪华国际游轮 "天仁"轮，总吨位12521吨，船长188.5米，宽24.8米，吃水6.91米，航速25.2海里，可载客544人，船上设有健身房、电子游戏厅、卡拉OK、酒吧、桑拿浴室等交际娱乐场所。"普陀岛"轮，总吨位更达16234吨，船长137.3米，宽23.4米，载客定额1428人，豪华舒适。

随着渤海客运的拓展，其与旅游业的结合也使得整个渤海沿岸秀美风景连为一体。更多的旅人将乘船观景作为一种新的休闲方式。看惯了岸上的风景，不妨驶入茫茫大海，也许那一座座远离尘嚣的小岛正是你心灵停泊的港湾。

渤海的特殊结构，使辽东半岛与山东半岛之间的客运具有重要的价值。乘船往返于两个半岛，或通过两个半岛往返于东北大地和齐鲁大地，可以大大缩短距离。因而，渤海海峡上的客运发展极快。乘船横跨渤海海峡，不仅可以节约时间，而且可以欣赏美丽的海峡风光，感受海上之旅的惬意。随着近年客运船舶的大型化、豪华化发展趋势，渤海的客运业发展进入了快车道。再加上环渤海地区与朝鲜半岛隔海相望以及中韩经贸、文化等关系的加强，中韩之间的客运业也必将迎来美好的明天。

豪华邮轮停靠天津国际邮轮母港

打开一本书，走进一片海。书页启合间，已在广袤的渤海走完了一圈，由陌生到熟悉，再由熟悉到热爱。

这就是渤海，广袤浩瀚亦不乏秀美灵动，古朴庄重又见俏皮清丽。那日日在山海之间长养着的风物，因着这片海的浸润，亦沾染了些许灵气，心胸也与这海一般开阔豁达。

本书中涉及的只是"冰山一角"，不妨就将它当成开启渤海之门的一把钥匙，尽情地领略渤海丰姿吧！

图书在版编目（CIP）数据

渤海印象/杨立敏主编. —青岛：中国海洋大学出版社，2013.6
（魅力中国海系列丛书/盖广生总主编）
ISBN 978-7-5670-0336-1

Ⅰ.①渤… Ⅱ.①杨… Ⅲ.①渤海－概况 Ⅳ.①P722.4

中国版本图书馆CIP数据核字（2013）第127094号

渤海印象

出 版 人	杨立敏
出版发行	中国海洋大学出版社有限公司
社　　址	青岛市香港东路23号
网　　址	http://www.ouc-press.com

策划编辑	邵成军 电话 0532-85902533	邮政编码	266071
责任编辑	邵成军 电话 0532-85902533	电子信箱	391020250@qq.com
印　　制	青岛海蓝印刷有限责任公司	订购电话	0532-82032573（传真）
版　　次	2014年1月第1版	印　　次	2014年1月第1次印刷
成品尺寸	185mm×225mm	印　　张	10
字　　数	80千	定　　价	24.90元

发现印装质量问题，请致电 0532-88785354，由印刷厂负责调换。